渐开线圆柱齿轮传动设计

赵振杰 著

中国水利水电出版社
www.waterpub.com.cn

·北京·

内 容 提 要

　　本书主要对渐开线圆柱直齿、斜齿、人字齿轮传动的设计方法进行讨论。力求做到逻辑清晰，层次分明，便于读者对知识点的理解、掌握和运用。

　　全书共八章，第一章渐开线齿轮传动的基础理论，第二章渐开线直齿圆柱齿轮传动，第三章标准渐开线圆柱外齿轮的根切与变位齿轮传动，第四章内啮合渐开线圆柱齿轮传动，第五章斜齿渐开线圆柱齿轮传动，第六章圆柱齿轮传动的公差，第七章齿轮用材料以及热处理，第八章渐开线圆柱齿轮传动的设计计算。

　　本书可以作为机械类的工程技术人员的参考书和自学用书。

图书在版编目（C I P）数据

　　渐开线圆柱齿轮传动设计 / 赵振杰著. -- 北京：
中国水利水电出版社，2017.11
　　ISBN 978-7-5170-6014-7

　　Ⅰ．①渐… Ⅱ．①赵… Ⅲ．①齿轮传动－机械设计
Ⅳ．①TH132.41

　　中国版本图书馆CIP数据核字(2017)第268496号

策划编辑：石永峰　　　加工编辑：张天娇　　　封面设计：李　佳

书　　名	渐开线圆柱齿轮传动设计 JIANKAIXIAN YUANZHU CHILUN CHUANDONG SHEJI
作　　者	赵振杰　著
出版发行	中国水利水电出版社 （北京市海淀区玉渊潭南路 1 号 D 座　100038） 网址：www.waterpub.com.cn E-mail：mchannel@263.net（万水） 　　　　 sales@waterpub.com.cn 电话：(010) 68367658（营销中心）、82562819（万水）
经　　售	全国各地新华书店和相关出版物销售网点
排　　版	北京万水电子信息有限公司
印　　刷	三河市鑫金马印装有限公司
规　　格	170mm×240mm　16 开本　12 印张　199 千字
版　　次	2017 年 11 月第 1 版　2017 年 11 月第 1 次印刷
印　　数	0001—3000 册
定　　价	48.00 元

前　　言

科学技术是人类智慧的结晶，随着人类社会的发展，机械出现在人们日常生活、生产、交通运输、军事和科研等各个领域，并且不断地要求机械最大限度地代替人的劳动，并产生更多更好的劳动成果。

齿轮传动是机械传动的主要形式之一，应用极为广泛，与其他传动相比，齿轮传动有很多优点，如传动比恒定不变、传动效率高、所传递的功率及速度范围大、结构紧凑、轴承压力小、工作可靠、运转维护简单及寿命长等。

齿轮传动的形式很多，有直齿圆柱齿轮传动、斜齿圆柱齿轮传动、人字齿轮传动、圆锥齿轮传动、交错轴斜齿轮传动、蜗杆传动等。

本书专注于应用最广泛的渐开线直齿、斜齿、人字齿的原理设计及应用，在编排过程中主要考虑了以下几个方面：

（1）在结构顺序编排方面考虑较为合理，力求概念把握准确，叙述深入浅出、详略得当，便于循序渐进的学习。

（2）重点突出，侧重于设计和应用，加强了基本理论及其有关设计方法的应用。

（3）内容方面力求少而精，重点突出。

（4）在内容编排上注重设计为主的思想，力求内容新颖，图文并茂，讲解通俗易懂。

由于编者水平有限，书中难免会有不妥和错误之处，恳请广大读者批评指正。

编　者

2017 年 10 月

目　　录

第一章　渐开线齿轮传动的基础理论

齿轮机构是最古老的传动机构之一。根据古书记载，我国早在两千多年前的西汉初年（公元前二世纪），就已经在农业、冶金业中应用了齿轮机构。尤其是早在两千多年前，我们的祖先就采用了所谓的人字齿轮，由此可见我国劳动人民在长期的生产实践中所积累的丰富经验和所表现出的聪明才智！

1.1　齿轮传动的特点和类型

齿轮传动是机械传动的主要形式之一，应用极为广泛。与其他传动相比，齿轮传动有很多优点：传动比恒定不变，传动效率高，传递的功率以及速度范围大，结构紧凑，工作可靠，运转维护简单以及使用寿命长等。其缺点是：高精度齿轮在制造时需要用特种机床及刀具加工，安装精度要求也很高，所以生产成本高；低精度齿轮在传动时，则会产生高噪音以及大的震动；不适合远距离传动等。

齿轮传动的分类方法有很多种，下面介绍在齿轮传动中常见的三种分类方法。

1.1.1　根据工作条件分类

（1）闭式传动：指将传动齿轮安装在润滑和密封条件良好的箱体内的传动，一般重要的齿轮传动都采用闭式传动。

（2）开式传动：指将传动齿轮暴露在外的传动，由于工作时容易落入灰尘，而且润滑不良，轮齿齿面极其容易被磨损，所以这种传动适用于简单的机械设备和低速的场合。

1.1.2 根据齿轮的齿面硬度进行分类

（1）软齿面传动：若两个啮合齿轮的齿面硬度≤350HBS，这种齿轮传动被称为软齿面传动。

（2）硬齿面传动：若两个啮合齿轮的齿面硬度均>350HBS，这种齿轮传动被称为硬齿面传动。

1.1.3 根据齿轮轴线的相对位置进行分类

根据齿轮传动中两齿轮轴线的相对位置，可以将齿轮传动分为平面齿轮传动和空间齿轮传动两大类。

1. 平面齿轮传动

用于传递两平行轴间运动和动力的齿轮传动称为平面齿轮传动。

（1）直齿圆柱齿轮传动。

如图 1-1 至图 1-3 所示为直齿圆柱齿轮传动，其特点是齿轮的轮齿的齿向相对于齿轮的轴线是平行的。图 1-1 为齿轮齿条传动，图 1-2 为外啮合直齿圆柱齿轮传动，图 1-3 为内啮合直齿圆柱齿轮传动，其中齿条可以看成直径为无穷大的齿轮的一部分。

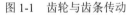

图 1-1　齿轮与齿条传动　　　图 1-2　直齿外啮合传动　　　图 1-3　直齿内啮合传动

（2）斜齿圆柱齿轮传动。

图 1-4 为斜齿圆柱齿轮传动，该传动中轮齿的齿向与齿轮的轴线方向有一倾斜角，此角称为斜齿圆柱齿轮的螺旋角。

（3）人字齿轮传动。

图 1-5 为人字齿轮传动，该传动中的每个人字齿轮均可以看成是由两个螺旋方向相反的斜齿轮构成。

图 1-4　平行轴斜齿轮传动　　　　　图 1-5　人字齿轮传动

2．空间齿轮传动

用于传递两相交轴或空间交错轴之间的运动和动力的齿轮传动称为空间齿轮传动。

（1）圆锥齿轮传动。

圆锥齿轮传动用于两相交轴线之间的传动，其轮齿分布在截锥体的表面上，有直齿、斜齿和圆弧齿之分。如图 1-6 所示的直齿圆锥齿轮应用最广。

（2）蜗杆传动。

蜗杆传动通常用于两交错垂直轴之间的传动，如图 1-7 所示。

（3）交错轴斜齿轮传动。

如图 1-8 所示为交错轴斜齿轮传动，其中的每一个齿轮都是斜齿圆柱齿轮。

图 1-6　直齿圆锥齿轮传动　　　图 1-7　蜗杆传动　　　图 1-8　交错轴斜齿轮传动

1.2 齿廓啮合基本定理与渐开线的形成和性质

1.2.1 齿廓啮合的基本定律

齿轮机构是一种高副机构，它是利用共轭齿廓来传递运动的，所传递的主要运动形式是回转运动，因此有必要讨论齿轮机构两构件的角速度，我们把传递所需角速度比的两条齿廓曲线的相互接触，称为啮合。齿轮传动的基本要求之一是其瞬时传动比必须保持不变，否则当主动轮以相等角速度回转时，从动轮的角速度为变数，从而产生惯性力。该惯性力将影响齿轮的强度、寿命以及工作精度。齿廓啮合基本定律就是研究当齿廓形状符合何种条件时，才能满足这一基本要求。

如图 1-9 所示为两个相互啮合的齿廓 E_1 和 E_2 在 K 点接触，两轮的角速度分别为 ω_1 和 ω_2。过 K 点作两齿廓的公法线 N_1N_2，与连心线 O_1O_2 交于 C 点。两轮齿廓上 K 点的速度分别为

$$\begin{cases} v_{k1} = \omega_1 \overline{O_1K} \\ v_{k2} = \omega_2 \overline{O_2K} \end{cases} \qquad (1-1)$$

且 v_{k1} 和 v_{k2} 在法线 N_1N_2 上的分速度应该相等，否则两齿廓将会被压坏或分离，即

$$v_{k1}\cos\alpha_{k1} = v_{k2}\cos\alpha_{k2} \qquad (1-2)$$

由式（1-1）与式（1-2）可得：

$$\frac{\omega_1}{\omega_2} = \frac{\overline{O_2K}\cos\alpha_{k2}}{\overline{O_1K}\cos\alpha_{k1}} \qquad (1-3)$$

过 O_1、O_2 分别作 N_1N_2 的垂线 O_1N_1 和 O_2N_2，得 $\angle KO_1N_1 = \alpha_{k1}$、$\angle KO_2N_2 = \alpha_{k2}$，所以式（1-3）可以写成：

$$\frac{\omega_1}{\omega_2} = \frac{\overline{O_2K}\cos\alpha_{k2}}{\overline{O_1K}\cos\alpha_{k1}} = \frac{\overline{O_2N_2}}{\overline{O_1N_1}} \qquad (1-4)$$

又因为 $\Delta CO_1N_1 \backsim \Delta CO_2N_2$，则式（1-4）又可以写成：

$$\frac{\omega_1}{\omega_2} = \frac{\overline{O_2N_2}}{\overline{O_1N_1}} = \frac{\overline{O_2C}}{\overline{O_1C}} \qquad (1-5)$$

由式（1-1）可知，要保证传动比为定值，则比值 $\dfrac{\overline{O_2C}}{\overline{O_1C}}$ 应该是常数。因为两个

轮轴心连线 $\overline{O_1O_2}$ 为定长，故如果要满足上述要求，C 点应为连心线上的定点，这个点 C 称为节点。

所以为了使齿轮保持恒定的传动比，必须使点为连心线上的固定点，或者说欲使齿轮保持定角速比，无论齿廓在任何位置接触，过接触点所作的齿廓公法线都必须与两轮的连心线相交于一个定点，这就是齿廓啮合的基本定律。

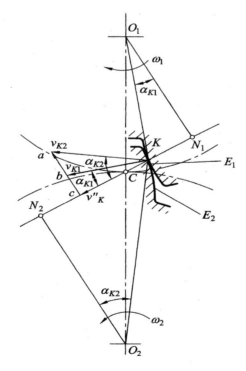

图 1-9　齿廓曲线与齿轮传动比的关系

凡是满足齿廓啮合基本定律而相互啮合的一对齿廓，称为共轭齿廓。满足齿

廓啮合基本定律的共轭齿廓曲线有无数种。传动齿轮的齿廓曲线除了要求满足角速度比值外，齿廓曲线的选择应考虑到加工和测量的方便，以及综合强度的大小等。目前机械传动机构中用得最多的齿廓曲线是渐开线，其次是圆弧和摆线。本书只讲述渐开线。

1.2.2　渐开线的形成与渐开线方程

当一条直线在一个圆上作纯滚动时，该直线上任一点的轨迹称为该圆的渐开线，这个圆称为基圆，该直线称为渐开线的发生线。如图 1-10 所示，发生线 $L1$ 从位置 E 处按逆时针方向沿基圆纯滚到位置 F 时，其上一点 K 的轨迹 $inv1$ 称为渐开线，取渐开线上的一段曲线作为齿轮一侧的齿廓曲线。当发生线 $L1$ 从位置 E 沿顺时针方向滚动时，则其上点 K 将展出一条对称的渐开线，如图1-10中虚线 $inv2$ 所示，它是齿轮的另一侧齿廓曲线。

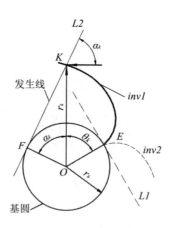

图 1-10　渐开线的形成图

渐开线在基圆上的起始点为 E，则 $\angle EOK = \theta_k$ 称为渐开线上 K 点的展开角，$\angle KOF = \alpha_k$ 称为渐开线上 K 点的压力角，显然，$\overline{KF} = r_b \tan\alpha_k$，而 $\widehat{EF} = \overline{KF} = r_b(\theta_k + \alpha_k)$，所以有：

$$r_k = \frac{r_b}{\cos\alpha_k} \qquad (1-6)$$

$$\theta_k = \tan\alpha_k - \alpha_k \qquad (1-7)$$

θ_k 常写为 $inv\alpha_k$，称为渐开线函数。

式 (1-6) 是以 α_k 为参数的渐开线参数方程。如果已知基圆半径 r_b，则根据 α_k 的取值，可以求出 r_k、θ_k，即能够求得渐开线上各点的极坐标。

渐开线上各点的压力角不相等，由等式 $\cos\alpha_k = r_b/r_k$ 可知，渐开线上离基圆越远的点压力角越大，渐开线在基圆上的压力角为 α_b。

在渐开线齿轮的分析与参数计算中常用到上述以压力角为参数的渐开线方程，当压力角已知时，可以直接求得展开角，但当已知 θ_k 求 α_k 时，则需要解超越方程。为了应用方便，已编制成常用角度 $\alpha = 10° \sim 39°$ 的 $inv\alpha$ 函数表供查阅，见附录表 1。

1.2.3 渐开线的性质

由上述渐开线的形成过程可以知道渐开线有如下性质：

（1）发生在基圆上所滚过的圆弧 $\overset{\frown}{EK}$ 等于发生线上所滚过的长度 $\overline{EF}$，即 $\overset{\frown}{EK} = \overline{EF}$。

（2）渐开线上任一点 K 的法线必切于基圆，并且为渐开线点的曲率半径。由此可知，渐开线上越接近基圆的点的曲率半径越小，曲率越大。基圆上点的曲率半径为 0。

（3）渐开线的形状决定于基圆的大小，如图 1-11 所示，基圆的半径越大，则渐开线越平直，当基圆半径为无限大时，渐开线成为直线（即齿条的齿形为直线）。

（4）同一基圆上任意两条渐开线（不论是同向还是反向）之间的法向距离相等，如图 1-12 所示，$\overline{KK'} = \overline{K_1K_1'} = \overset{\frown}{EE'}$。

（5）基圆以内无渐开线。

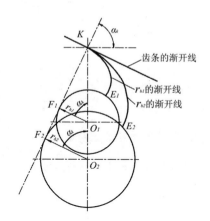

图 1-11 渐开线的形状与基圆大小的关系

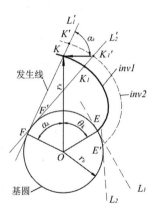

图 1-12 同一基圆的渐开线之间的关系

第二章 渐开线直齿圆柱齿轮传动

2.1 渐开线标准直齿圆柱齿轮的几何尺寸和主要参数

2.1.1 渐开线齿轮的尺寸参数

1. 渐开线外齿轮的结构尺寸

齿轮的轮齿部分结构如图 2-1 所示，半径为r_a的圆称为齿顶圆，半径为r_f的圆称为齿根圆，$h = r_a - r_f$称为全齿高。沿齿顶圆和齿根圆之间任意半径r_k的圆所量得的相邻两齿同侧齿廓间的弧长称为r_k圆上的齿距，以p_k表示，则

$$p_k = s_k + e_k$$

式中s_k、e_k分别为r_k圆上的齿厚和齿槽宽，显然r_k不同，s_k、e_k也不相同。

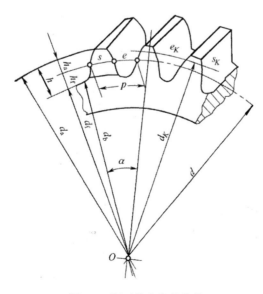

图 2-1 渐开线直齿外齿轮

齿轮不同,圆周上的齿距和压力角是不同的,为了方便计算,在齿轮的齿顶圆和齿根圆之间规定一个半径为r的圆,作为齿轮几何尺寸计算的基准,这个圆称为分度圆。分度圆上的齿距、齿厚与齿槽宽通常都不冠以分度圆标记,而是直接称为齿距、齿厚以及齿槽宽,记为p、s和e,故

$$p = s + e$$

2. 渐开线内齿轮

如图 2-2 所示是一个渐开线直齿内齿轮部分图,内齿轮各部分的名称、参数等均与外齿轮相同。但内齿轮的轮齿齿廓是内凹的,齿槽齿廓为外凸。内齿轮的齿根圆大,齿顶圆小,但是齿顶圆必须大于基圆。

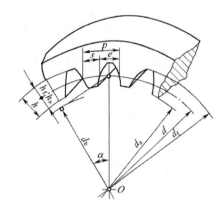

图 2-2　渐开线直齿内齿轮

3. 径节制

上述齿轮几何尺寸的计算标准是模数制,但在美国、欧洲国家中,齿轮一般采用径节制,即取径节 DP 为标准值,单位记为 in^{-1}。所谓径节 DP,是指齿轮的齿数 z 与分度圆直径 d 之比,即

$$DP = \frac{z}{d} \tag{2-11}$$

因为

$$m = \frac{d}{z}$$

即径节DP与模数m互为倒数，又因为 $1in = 25.4$mm，则有

$$DP = \frac{25.4}{m} \qquad (2-12)$$

径节DP的标准值为：1、$1\frac{1}{4}$、$1\frac{1}{2}$、$1\frac{3}{4}$、2、$2\frac{1}{4}$、$2\frac{1}{2}$、$2\frac{3}{4}$、3、$3\frac{1}{2}$、4、$4\frac{1}{2}$、5、6、7、8、9、10、12、14、16、18、20等。

从上述概念可见，径节与模数的倒数成比例，径节越大轮齿越小。应当指出，由于单位和标准系列的不同，径节制与模数制的齿轮是不能互换的。

4. 我国的标准齿轮齿形

综上所述，我国的标准齿形如表 2-1 所示。

表 2-1　我国的标准齿形

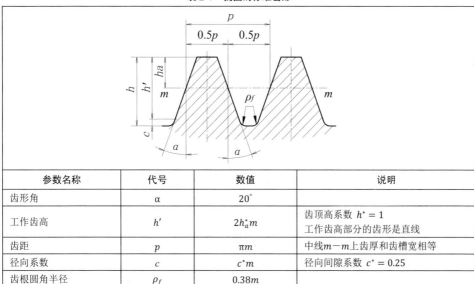

参数名称	代号	数值	说明
齿形角	α	$20°$	
工作齿高	h'	$2h_a^*m$	齿顶高系数 $h^* = 1$ 工作齿高部分的齿形是直线
齿距	p	πm	中线$m-m$上齿厚和齿槽宽相等
径向系数	c	c^*m	径向间隙系数 $c^* = 0.25$
齿根圆角半径	ρ_f	$0.38m$	

注：

（1）基准齿形指基准齿条的法面齿形，其参数值适用于$m > 1$mm 的渐开线圆柱齿轮传动。需要采用短齿时，相应的参数为：$h' = 1.6m$，$h_a = 0.8m$（即$h_a^* = 0.8$），$c = 0.3m$（即$c^* = 0.3$），$\rho_f = 0.46m$。

（2）为提高齿轮的综合强度需要增大齿形角时，推荐 $\alpha = 25°$，$h' = 2m$，$h_a = m$（即$h_a^* = 1$）、$c = 0.2m$（即$c^* = 0.2$），$\rho_f = 0.35m$，齿根圆角为单圆弧。

（3）考虑到某些工艺的要求，径向间隙 c 允许增大至$0.35m$，齿根圆角半径 ρ_f允许减小至$0.25m$。

（4）为提高齿根强度，在传动时不产生干涉的条件下，允许增大齿根圆角半径，也允许做成单圆弧。

（5）为改善传动质量，允许齿顶修缘。

5. 其他国家圆柱齿轮常用的基本齿廓

其他国家圆柱齿轮常用的基本齿廓主要参数如表 2-2 所示。

表 2-2 其他国家圆柱齿轮常用的基本齿廓主要参数

国别	齿形种类	标准号	m或DP	α	h_a^*	c^*	ρ_f	备注
ISO	标准齿高	ISO R53-1974	m	20°	1	0.25	$0.38m$	
美国	标准齿高	ASAB6 1-1968	DP	20°	1	0.25~0.35 0.40	$0.3\times 1/DP$	>DP20 剃齿法
	标准齿高	ASAB6 1-1968	DP	25°	1	0.25~0.35 0.40		>DP20 剃齿法
	标准齿高	ASAB6 1-1968	DP	20°	1	0.20 0.35		>DP20 剃齿法
	短齿	ASME	DP	$22_{1/2}°$	0.875	0.125		
苏联	标准齿高	ГOCT13755-68	m	20°	1	0.25	$0.4m$	
	短齿	ГOCT13755-68	m	20°	0.8	0.30	$0.4m$	
德国	标准齿高	DIN876	m	20°	1	0.1~0.3		
	短齿		m	20°	0.8	0.1~0.3		
瑞士	标准齿高	VSM15520	m	20°	1	0.25 0.167		用于插齿法
	马格齿形		m	15° 20°	1 1	0.167		
英国	标准齿高	BS436-1940	DP	$14_{1/2}°$	1	0.157		
	标准齿高	BS436:Part 1-1967	DP	20°	1	0.25~0.4	0.25~0.39	
	标准齿高	BS436:Part 1-1970	m	20°	1	0.25~0.4	0.25~0.39	
日本	标准齿高	JIS B1701-1973	m	20°	1	0.25		

2.1.2 渐开线齿轮的标准参数

目前，在齿轮方面已制定了一系列的标准，下面仅就渐开线齿轮有关的几项标准参数作简单介绍。

（1）齿数。

在齿轮整个圆周上轮齿的总数称为齿数，用 z 表示。

（2）模数。

齿轮的分度圆是计算齿轮各部分尺寸的基准，如果已知齿轮的齿数 z 和分度圆齿距p，分度圆的直径即为

$$d = \frac{p}{\pi} z \qquad (2-1)$$

式中含有无理数 π，给齿轮的计算、制造以及测量带来了不便，因此，人为地把 p/π 规定为标准值，此值称为齿轮分度圆上的模数，简称齿轮的模数，用 m 表示，单位是毫米（mm），因此

$$m = \frac{p}{\pi} = \frac{d}{z}$$

即分度圆的直径可以表示为

$$d = mz \qquad (2-2)$$

而 $$p = \pi m = s + e$$

模数是齿轮计算的一个重要基本参数，模数越大，齿轮及其他各部分的尺寸就越大，轮齿的抗弯强度也就越高，如图 2-3 所示为不同模数的齿轮的比较。

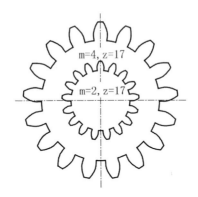

图 2-3 不同模数的齿轮的比较

我国国家标准 GB 1357-2008 中规定模数的标准系列如表 2-3 所示，设计齿轮应按照该表选用标准的模数。

表 2-3 渐开线齿轮的标准模数（摘自 GB/T 1357-2008）

第 1 系列	0.1	0.12	0.15	0.2	0.25	0.3		0.4	0.5	0.6		0.8
第 2 系列							0.35				0.7	
第 1 系列		1	1.25	1.5		2		2.5		3		
第 2 系列	0.9				1.75		2.25		2.75		(3.25)	3.5
第 1 系列		4		5		6			8		10	

第 2 系列	(3.75)		4.5		5.5		(6.5)	7			9		(11)
第 1 系列	12		16		20		25		32		40		
第 2 系列		14		18		22		28		36		45
第 1 系列	50												
第 2 系列													

注：优先选用第 1 系列模数，括号内的模数尽可能不用。

（3）压力角。

渐开线是从基圆向外无限延伸的一条曲线，而作为齿轮的齿廓取哪一段渐开线作为齿廓合适，应该有一个统一的规定。离基圆近的线段压力角小，对传动有利，但是曲率半径也小，对接触强度不利，而远离基圆的线段曲率半径较大，压力角也大。我国现行的标准压力角取 $\alpha = 20°$。

过渐开线上压力角为标准值的点（$\alpha = 20°$）作一个圆，该圆作为此前所述的齿轮的分度圆，以 d 表示分度圆直径，则

$$d = \frac{d_b}{\cos\alpha} \qquad (2-3)$$

分度圆可以确切定义为：具有标准模数 $m = p/\pi$ 和标准压力角 $\alpha = 20°$ 的圆。每一个齿轮必须有一个也只有一个分度圆。

为提高综合强度需增大齿形角时，推荐 $\alpha = 25°$。

（4）顶隙系数 c^*。

为了保证两个齿轮啮合传动时不被卡死，并能够储存润滑油，两个齿轮轮齿沿径向方向应留有间隙，这一间隙称为顶隙，用 c 表示。标准的顶隙值取模数的倍数 $c = c^* m$。

（5）齿顶高系数 h_a^*。

轮齿的高度取模数的倍数。

我国标准规定 c^*、h_a^* 的标准值为：

1）正常齿制：当 $m \geqslant 1$ 时，$h_a^* = 1$，$c^* = 0.25$；当 $m < 1$ 时，$h_a^* = 1$，$c^* = 0.35$。

2）短齿制：$h_a^* = 0.8$，$c^* = 0.3$。

对于标准齿轮齿高的计算为：

齿顶高：$h_a = h_a^* m$ （2-4）

齿根高：$h_f = (h_a^* + c^*)m$ （2-5）

全齿高：$h = h_a + h_f = (2h_a^* + c^*)m$ （2-6）

因此，标准外齿轮的齿顶圆直径和齿根圆直径分别为：

$$d_a = d + 2h_a = m(z + 2h_a^*) \qquad\qquad (2-7)$$

$$d_f = d - 2h_f = m(z - 2h_a^* - 2c^*) \qquad\qquad (2-8)$$

渐开线齿廓的形状由基圆决定，由式（2-3）可知，当已知分度圆直径为d时，基圆直径为：

$$d_b = d\cos\alpha = \pi m\cos\alpha \qquad\qquad (2-9)$$

基圆齿距为：

$$p_b = \frac{\pi d_b}{z} = \pi m\cos\alpha \qquad\qquad (2-10)$$

只要m、z、α、h_a^*、c^*这五个参数选定后，齿轮的几何尺寸和齿廓形状即可确定下来，因此，这五个参数被称为渐开线标准直齿轮的基本参数。

渐开线标准直齿轮除了基本参数取标准值外，还具有两个特征：

1）分度圆齿厚s_k和齿槽宽e_k相等，即$s_k = e_k$。

2）具有标准齿顶高h_a与齿根高h_f，即$h_a = h_a^* m$，$h_f = (h_a^* + c^*)m$。

不具备上述两个特征的齿轮称为非标准齿轮。

2.2 渐开线标准直齿圆柱齿轮啮合传动的特点

2.2.1 正确啮合条件

一对渐开线齿轮不仅要保证定传动比传动，而且必须使相邻两齿廓协调地工作。

齿轮传动时，它的每一对齿仅啮合一段时间便要分离，而由后一对齿接替，因此，在某段时间内，至少同时有两对轮齿分别在K、K'点接触，如图 2-4 所示，并且前后相邻的两齿廓间既不能发生分离，也不能互相嵌入，只有这样才能保证正确啮合传动。

令K_1和K_1'表示轮 1 齿廓上的啮合点，K_2和K_2'表示轮 2 齿廓上的啮合点。为了保证前后两对齿有可能同时在啮合线上接触，轮 1 相邻两齿同侧齿廓沿法线的距离K_1K_1'应与轮 2 相邻两齿同侧齿廓沿法线的距离K_2K_2'相等，沿法线方向的齿距称为法线齿距，即

$$K_1K_1' = K_2K_2'$$

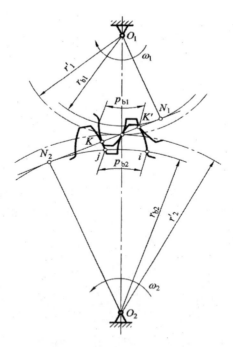

图 2-4　渐开线齿轮正确啮合的条件

根据渐开线的性质，对轮 2 有：

$$K_2K_2' = N_2K' - N_2K = N_2i - N_2j = ij = p_{b2} = p_2\cos\alpha_2 = \pi m_2\cos\alpha_2$$

同理，对轮 1 可得：

$$K_1K_1' = p_1\cos\alpha_1 = \pi m_1\cos\alpha_1$$

由此可得：

$$\pi m_1\cos\alpha_1 = \pi m_2\cos\alpha_2 \qquad （2-13）$$

式中 m_1、m_2 为两齿轮的模数；α_1、α_2 为两齿轮的压力角。

由于齿轮的模数和压力角均为标准值，因此要满足关系式（2-13），应当使

$$\begin{cases} m_1 = m_2 = m \\ \alpha_1 = \alpha_2 = \alpha \end{cases} \qquad （2-14）$$

所以，一对渐开线齿轮正确啮合的条件是：两个齿轮的模数、压力角必须分别相等。

由相啮合齿轮模数相等的条件，可得一对渐开线齿轮的传动比为：

$$i_{12} = \frac{\omega_1}{\omega_2} = \frac{d_2'}{d_1'} = \frac{d_{b2}}{d_{b1}} = \frac{d_2}{d_1} = \frac{z_2}{z_1} = 定值 \qquad （2-15）$$

2.2.2　渐开线齿轮连续传动的条件

要使齿轮能连续传动，就必须要求在前一对轮齿尚未脱离啮合前，后一对轮齿已进入啮合，如图 2-5 所示。

一对轮齿啮合的过程是：由主动齿轮的齿根部位推动从动齿轮的齿顶，随着主动齿轮的转动，接触点沿着啮合线移动，直至主动齿轮的齿顶与从动齿轮的齿根部位相接触，一对轮齿的啮合过程才算结束。由此可见，开始啮合点为从动齿轮的齿顶圆与理论啮合线 N_1N_2 的交点 B_2，啮合分离点为主动齿轮的齿顶圆与啮合线 N_1N_2 的交点 B_1，故 B_1B_2 为实际啮合线段。当齿高增大时，则 B_1、B_2 点就越接近 N_1、N_2 点，则实际啮合线就越长，但是，基圆内无渐开线，因此实际啮合线不能超过 N_1、N_2 两点，这两点为两轮齿廓啮合的极限位置，故称 N_1N_2 为理论啮合线。

当一对轮齿在 B_2 点开始啮合时，前一对轮齿仍在 K 点啮合，则传动就能连续进行。由图 2-5 可见，这时实际啮合线的长度大于齿轮的法线齿距。如果前一对齿轮已于 K 点脱离啮合，而后一对齿轮仍未进入啮合，则这时传动发生中断，将

引起冲击。所以，保证连续传动的条件是使实际啮合线长度大于或至少等于齿轮的法线齿距，即基圆齿距p_b。

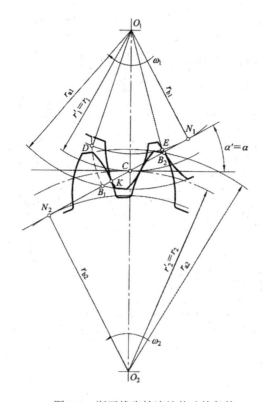

图 2-5　渐开线齿轮连续传动的条件

通常将实际啮合线长度与基圆齿距的比值称为一对直齿圆柱齿轮传动的重合度，用ε表示。于是，一对齿轮连续传动的条件为：

$$\varepsilon = \frac{B_1 B_2}{p_b} > 1 \qquad (2-16)$$

ε表示实际啮合区间相啮合的轮齿对数。ε的值越大，表明同时参加啮合的轮齿对数越多，传动越平稳，承载能力越强。

2.2.3　齿轮传动的标准中心距

一对齿轮传动时，齿轮节圆上的齿槽宽与另一齿轮节圆上的齿厚之差称为齿侧间隙。

标准齿轮分度圆的齿厚和齿槽宽相等，一对正确啮合的渐开线齿轮的模数相等，即

$$s_1 = e_1 = s_2 = e_2 = \frac{\pi m}{2}$$

因此，当分度圆与节圆重合时，便可以满足无侧隙啮合的条件。安装时使分度圆与节圆重合的一对标准齿轮的中心距称为标准中心距，用a表示，即

$$a = r_1' + r_2' = r_1 + r_2 = \frac{m}{2}(z_1 + z_2) \qquad （2-17）$$

显然，此时的啮合角α就等于分度圆上的压力角。

需要注意的是，对于单个齿轮，只有分度圆与压力角，没有节圆与啮合角；只有一对齿轮啮合传动时，才有节圆与啮合角。

2.2.4　定传动比和可分性

如图 2-6 所示的一对外啮合渐开线圆柱齿轮传动，假设两个齿轮的回转中心分别是O_1、O_2，两中心的距离为$a = a'$，基圆半径分别为r_{b1}、r_{b2}。K点为某一瞬间两齿廓的接触点。由渐开线特性可知，过K点分别作两个基圆的切线KN_1和KN_2，则KN_1和KN_2分别为两个渐开线齿廓上K点的法线，由于过接触点K只有一根公法线，故N_1N_2是一条切于两个基圆的内公切线，两个齿廓的接触点K落在这条直线上，K点称为啮合点。

假设 2 轮为主动轮，当它的齿廓从实线位置带动被动轮 1 的齿廓转动到虚线位置时，两个渐开线在K'点接触，同理可以证明K'点也必然落在两个基圆的内公切线N_1N_2上。即两个渐开线齿轮传动时，两个齿廓的接触点一定沿两个基圆的内公切线移动，直线N_1N_2是两个齿廓啮合点的轨迹，因此称为啮合线。

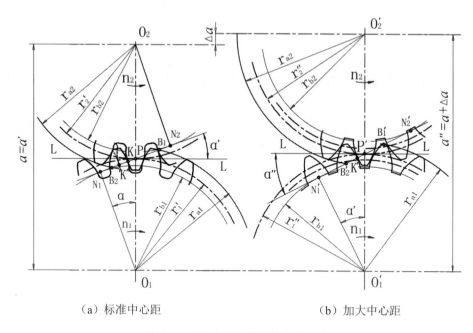

（a）标准中心距   （b）加大中心距

图 2-6　外啮合渐开线圆柱齿轮传动

由于齿轮传动时两个基圆的大小和位置均是不变的，因此，过接触点的公法线 N_1N_2 与两个齿轮中心的连心线的交点 P 是齿轮传动时的相对瞬心，它是一个定点，称为节点。以 O_1 和 O_2 为圆心，过节点 P 作的两个圆就是齿轮传动时的两个瞬心线，称为两个齿轮的节圆，通常节圆的半径用 r' 表示。因此，渐开线齿轮传动满足齿廓啮合基本定律，瞬时传动比不变，两轮的转速与节点到两轮中心的距离成反比。如图 2-6 所示，由于 $\Delta O_1PN_1 \backsim \Delta O_2PN_2$，则得到两个齿轮啮合时的传动比公式为：

$$i_{12} = \frac{n_1}{n_2} = \frac{\omega_1}{\omega_2} = \frac{r_2'}{r_1'} = \frac{r_{b2}}{r_{b1}} = C \qquad (2-18)$$

式中 n_1、n_2 分别为齿轮 1 与齿轮 2 的旋转速度，单位是 rpm；ω_1、ω_2 分别为齿轮 1 与齿轮 2 的角旋转速度，单位是 rad/s；C 为常数。

过节点作两个齿轮的节圆（即分度圆）的公切线 LL，公切线 LL 与啮合线之间的夹角称为啮合角，用 α' 表示。如图 2-6（a）所示，啮合角一定等于渐开线在节圆上的压力角。

如果两个渐开线齿轮由于安装或制造的误差，或者由于轴承磨损，或者由于齿轮轴受载而发生变形，或者由于齿轮齿面的磨损等原因使得两个齿轮的中心位置发生变动，从而标准中心距与实际中心距不相等，即$a \neq a'$，则如图 2-6（b）所示，这时啮合线仍然是两个齿轮的基圆的内公切线，它与两齿轮连心线的交点仍为定点，传动比公式为：

$$i'_{12} = \frac{n_1}{n_2} = \frac{\omega_1}{\omega_2} = \frac{r''_2}{r''_1} = \frac{r_{b2}}{r_{b1}} = C \qquad (2-19)$$

即两个齿轮的传动比与中心距变动之前相同，但是两个节圆和啮合角的大小均发生了变化，此时，节圆与分度圆不重合，即$r_1 = r'_1 \neq r''_1$，$r_2 = r'_2 \neq r''_2$。中心距发生变动时，传动比不发生变化是渐开线齿轮传动的一个优点，称为渐开线齿轮传动的可分离性。需要注意的是，中心距分离后的齿轮传动，由于相互啮合，齿轮的齿侧间隙变大，因此，齿轮反向转动时将会产生冲击。

2.3　渐开线齿轮传动的滑动率和重合度计算

2.3.1　渐开线齿轮传动的滑动率

由于两个齿轮传动时齿轮齿廓曲线的相对运动不是纯滚动，而是滚动加滑动，所以齿廓在正压力的作用下会发生磨损，齿廓上不同点的磨损程度用滑动率Ͻ表示。两个渐开线齿廓在N点啮合时的状态如图 2-7 所示，齿轮 2 是主动轮，图 2-7（b）表示在啮合点N处的齿廓放大图。设相互啮合的齿轮的齿数不相等，两个齿廓接触点有滑动存在，因此它们在某一瞬间走过的弧长$\Delta s_1 \neq \Delta s_2$，滑动的距离称为滑动弧长，滑动弧长越大则磨损也越大。当滑动弧长一定时，由于两个齿廓在该滑动弧长内所走过的弧长不相等，显然走过弧长较大的齿廓的磨损较轻。因此齿廓上某一点的磨损程度应以相对滑动距离在$\Delta t \to 0$时的极限值表示，该值称为此点的滑动率，用$\beth$表示。所以，齿轮 2 在 N 点的滑动率为：

$$\beth_{N2} = \lim_{\Delta s_2 \to 0} \frac{|\Delta s_2 - \Delta s_1|}{\Delta s_2}$$

$$= \lim_{\Delta t_2 \to 0} \frac{\left|\dfrac{\Delta s_2}{\Delta t} - \dfrac{\Delta s_1}{\Delta t}\right|}{\dfrac{\Delta s_2}{\Delta t}}$$

$$= \frac{\left|\dfrac{\mathrm{d}s_2}{\mathrm{d}t} - \dfrac{\mathrm{d}s_1}{\mathrm{d}t}\right|}{\dfrac{\mathrm{d}s_2}{\mathrm{d}t}}$$

$$= \frac{|v_{N2}^t - v_{N1}^t|}{v_{N2}^t}$$

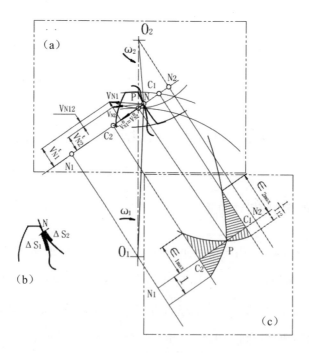

图 2-7　渐开线齿轮传动的滑动率

式中v_{N1}^t和v_{N2}^t是两个齿廓接触点 N 在齿廓切线方向的分速度，分别等于$\dfrac{\mathrm{d}s_1}{\mathrm{d}t}$和$\dfrac{\mathrm{d}s_2}{\mathrm{d}t}$，两者的差是两个齿廓在 N 点处的相对滑动速度$v_{N12}$。由于相对滑动速度等于

N 点到相对瞬心的距离 $\overline{PN}$ 与相对角速度 $(\omega_1 + \omega_2)$ 的乘积，传动比 $i_{21} = \dfrac{\omega_2}{\omega_1}$，因此

$$
\begin{aligned}
\beth_{N2} &= \frac{v_{N12}}{v_{N2}^t} \\
&= \frac{\overline{PN}(\omega_1 + \omega_2)}{\omega_2 O_2 N \sin\alpha_{N2}} \\
&= \frac{\overline{PN}(\omega_1 + \omega_2)}{\omega_2 \overline{NN_2}} \\
&= \frac{\overline{PN}}{\overline{NN_2}}\left(\frac{i_{21} + 1}{i_{21}}\right)
\end{aligned}
\qquad (2-20)
$$

同理，齿轮 1 齿廓上 N 点的滑动率为：

$$
\begin{aligned}
\beth'_{N1} &= \frac{v_{N12}}{v_{N1}^t} \\
&= \frac{\overline{PN}}{\overline{NN_1}}(i_{21} + 1)
\end{aligned}
\qquad (2-21)
$$

由于主动轮 2 上每一个轮齿的工作次数比从动轮 1 轮齿的工作次数多 i_{21} 倍，所以比较两个齿轮的磨损程度，在以后计算时要按上式计算出的齿廓滑动率除以 i_{21}，即

$$
\beth_{N1} = \frac{\epsilon'_{N1}}{i_{21}} = \frac{\overline{PN}}{\overline{NN_1}}\left(\frac{i_{21} + 1}{i_{21}}\right)
\qquad (2-22)
$$

利用式（2-20）与式（2-22）能够求出两个齿廓接触点 N 在啮合线上不同位置时的滑动率，以 $N_1 N_2$ 为横坐标、$\beth$ 为纵坐标绘制出两个齿轮的滑动率曲线如图（2-7）所示。绘图时将齿根的 $\beth$ 值作在 $N_1 N_2$ 线的上方，齿顶的 $\beth$ 值作在 $N_1 N_2$ 线的下方。以下为几个特殊位置的滑动率的数值：

在 N 点啮合 $\overline{PN} = 0$ 时，$\beth_1 = 0$，$\epsilon_2 = 0$；

在 N_2 点啮合 $\overline{NN_2} = 0$ 时，$\beth_2 = \infty$，$\epsilon_1 = \dfrac{1}{i_{21}}$；

在 N_1 点啮合 $\overline{NN_1} = 0$ 时，$\beth_2 = 1$，$\beth_1 = \infty$。

由上述分析可知，在节点处的滑动率为 0，即没有滑动；在啮合极限点 N_1 与 N_2

齿根处滑动率为无限大,因此,设计齿轮传动时,要避免在啮合极限点N_1与N_2处啮合。由图 2-7(b)可知,齿轮齿根处的滑动率大于齿顶处的滑动率,而小齿轮齿根处的滑动率又大于大齿轮齿根处的滑动率。两个齿轮齿根处的滑动率的最大值为:

$$\sigma_{1max} = \frac{\overline{PC_2}}{C_2 N_1}\left(\frac{i_{21}+1}{i_{21}}\right) \qquad (2-23)$$

$$\sigma_{2max} = \frac{\overline{PC_1}}{C_1 N_2}\left(\frac{i_{21}+1}{i_{21}}\right) \qquad (2-24)$$

因此,在设计齿轮传动时,要采取相应的措施,使两个齿轮的磨损接近相等或使磨损降低,如采用变位齿轮。

2.3.2　标准渐开线齿轮传动的重合度计算

为了保证齿轮传动的连续性,一对相互啮合的齿轮,在前一对相互啮合的轮齿脱离接触前,后一对轮齿必须要进入啮合状态,即理论上至少要有一对轮齿处于啮合状态。同时啮合的轮齿对数越多,啮合越平稳。

当一对齿轮传动时,如图 2-8 所示,假设主动齿轮 2 的齿顶圆与啮合线的交点是C_2,从动齿轮 1 的齿顶圆与啮合线的交点是C_1,从图中可以看出,点C_1是两个齿轮齿廓的啮合开始点,随着啮合传动的进行,两个轮齿的啮合点沿着啮合线$N_1 N_2$移动,当啮合进行到点C_2时,两个轮齿的齿廓将脱离接触,因此,点C_2为两个轮齿齿廓的啮合终止点,称为实际啮合线。在传动过程中,两个轮齿齿廓直接参加接触的部分称为轮齿齿廓的有效工作段。如图 2-8 所示,齿轮 2 的齿廓有效工作段是从齿轮 1 的齿顶开始,到以O_2为圆心、$O_2 C_1$为半径所作的圆弧与齿轮 2 齿廓的交点F_2,齿轮 2 的齿廓有效工作段是从齿轮 1 的齿顶开始,到以O_1为圆心、$O_1 C_2$为半径所作的圆弧与齿轮 1 齿廓的交点F_1。

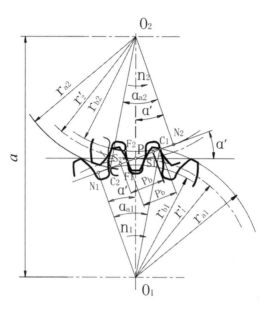

图 2-8　渐开线齿轮传动的重合度

由渐开线的特性可以知道，渐开线齿轮两个相邻同侧齿廓在啮合线上的距离等于基圆齿距p_b，所以在齿轮传动过程中，为了保证传动的连续性，应该使两个齿轮的实际啮合线$\overline{C_1C_2}$的长度大于或等于齿轮基圆齿距p_b，即$\overline{C_1C_2} \geqslant p_b$。实际啮合线长度$\overline{C_1C_2}$与基圆齿距的比值称为相互啮合齿轮的端面重合度，用$\varepsilon_a$表示。直齿圆柱齿轮传动时，任一垂直于轴线剖面上的啮合情况相同且同时发生。因此，端面重合度代表了直齿圆柱齿轮传动的总重合度ε，其值一般不是整数，计算如下：

$$\varepsilon = \varepsilon_a = \frac{\overline{C_1C_2}}{p_b} \geqslant 1$$

因为

$$\overline{C_1C_2} = \overline{C_1P} + \overline{C_2P}$$

而

$$\overline{C_1P} = \overline{C_1N_1} - \overline{PN_1}$$

$$= r_{b1}(\tan\alpha_{a1} - \tan\alpha')$$

$$= \frac{mz_1}{2}\cos\alpha(\tan\alpha_{a1} - \tan\alpha')$$

同理

$$\overline{C_2P} = \frac{mz_2}{2}\cos\alpha(\tan\alpha_{a2} - \tan\alpha')$$

所以

$$\varepsilon = \varepsilon_a = \frac{1}{2\pi}[z_1(\tan\alpha_{a1} - \tan\alpha') + z_2(\tan\alpha_{a2} - \tan\alpha')] \qquad (2-25)$$

式中

$$\alpha_{a1} = \arccos\frac{r_{b1}}{r_{a1}} = \arccos\frac{d_{b1}}{d_{a1}}$$

$$\alpha_{a2} = \arccos\frac{r_{b2}}{r_{a2}} = \arccos\frac{d_{b2}}{d_{a2}}$$

由式（2-25）可知，ε_a 与模数的大小无关；当齿轮的齿数 z_1、z_2 增加时，ε_a 增加；中心距 a' 增加时，由于啮合角 α' 增加，ε_a 将减小，齿顶高系数 h_a^* 增加时，由于齿顶圆压力角 α_{a1}、α_{a2} 增加，ε_a 也增加。

对于标准齿轮传动，因为 $a' = a$，所以有：

$$\varepsilon = \varepsilon_a = \frac{1}{2\pi}[z_1(\tan\alpha_{a1} - \tan\alpha) + z_2(\tan\alpha_{a2} - \tan\alpha)] \qquad (2-26)$$

理论上，$\varepsilon = 1$ 即可实现连续传动，考虑到齿轮的制造、安装误差，实际取 $\varepsilon > 1$，通常取 $\varepsilon = 1.1\sim1.4$。

设计齿轮时所要求重合度的大小应根据齿轮精度和齿轮使用情况决定，数据可参考如表 2-4 所示。

表 2-4 重合度大小参考数据

	5~6 级	7 级	8 级	9 级
按精度决定	$\varepsilon \geqslant 1.05$	$\varepsilon \geqslant 1.08$	$\varepsilon \geqslant 1.15$	$\varepsilon \geqslant 1.35$
按用途决定	汽车和拖拉机	金属切削机床	纺织机械	一般机械
	$\varepsilon \geqslant 1.1\sim1.2$	$\varepsilon \geqslant 1.3$	$\varepsilon \geqslant 1.3\sim1.4$	$\varepsilon \geqslant 1.4$

对于标准齿轮传动，其重合度都大于 1，故通常不必进行验算。

2.4 任意圆上的齿厚

齿厚也是齿轮的一个重要尺寸，它关系到轮齿的强度和测量检验等。

如图 2-9 所示，计算半径为r_k的任意圆上的齿厚s_k，可以将一个轮齿的两侧齿廓渐开线延长并交于 A 点，显然

$$s_k = 2r_k(\theta_A - \theta_K) = 2r_k(inv\alpha_A - inv\alpha_K)$$

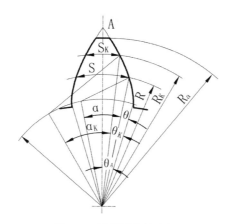

图 2-9 任意圆上的齿厚

由图可见，分度圆齿厚为：

$$s = 2r(\theta_A - \theta) = 2r(inv\alpha_A - inv\alpha)$$

故
$$inv\alpha_A = \frac{s}{2r} + inv\alpha$$

代入前式得：

$$s_k = 2r_k(\theta_A - \theta_K) = 2r_k\left(\frac{s}{2r} + inv\alpha - inv\alpha_K\right)$$
$$= s\frac{r_k}{r} - 2r_k(inv\alpha_K - inv\alpha) \qquad (2-27)$$

根据上式可以得到齿顶圆齿厚公式：

$$s_a = s\frac{r_a}{r} - 2r_a(inv\alpha_a - inv\alpha) \qquad (2-28)$$

式中

$$\alpha_a = \arccos\frac{r_b}{r_a}$$

同理可得基圆齿厚计算公式：

$$s_b = s\cos\alpha + mz\cos\alpha inv\alpha \qquad (2-29)$$

根据渐开线的性质，基圆以内无渐开线，因此公式（2-27）不适用于计算基圆以内的齿厚。

2.5　齿轮与齿条啮合传动

当相互啮合的两个渐开线齿廓中，一个渐开线齿廓的基圆半径$r_{b2} \to \infty$时，渐开线变化为直线，转动的齿轮转化为移动的齿条，即与渐开线齿廓啮合的齿条齿廓变为直线。

如图 2-10 所示，渐开线齿廓与直边齿条相啮合，假设齿条的齿形角为α，其啮合线亦过啮合点的齿廓公法线，应为切于基圆且垂直于齿条齿廓的直线。由O_1引垂直于齿条移动速度方向的直线，与啮合线的交点即节点P，以$\overline{O_1P}$为半径作圆与齿条上过P点平行于移动速度v_r方向的直线相切，即以$\overline{O_1P}$为半径的节圆与过P点节线的传动比为：

$$\frac{v_r}{\omega_1} = \overline{O_1P} = \frac{r_b}{\cos\alpha}$$

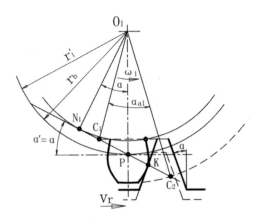

图 2-10　渐开线齿轮与齿条啮合的特点

因为r_b和α均为常数，所以渐开线齿廓与直线齿廓的齿条能够实现定传动比传动。如果将齿条位置向下移动一段距离，如图 2-10 中虚线所示的位置，传动比仍然保持不变，齿轮与齿条啮合同样具有可分性，而且此时齿轮的节圆r_b'以及啮合角α'都不发生变化，只是齿条上节线的位置发生了变化。无论齿轮齿条的相对位置如何改变，齿轮的节圆始终不会改变，这个节圆就是齿轮的分度圆。齿条齿顶线与啮合线的交点C_1，齿轮齿顶圆与啮合线的交点C_2，$\overline{C_1 C_2}$为实际啮合线。

如果改变齿条齿廓的倾斜角度，则啮合角也随之改变。

如图 2-10 所示，当齿条与标准齿轮啮合时，由于分度圆就是节圆，所以当齿轮绕定轴转动的角速度为ω_1时，齿条的移动线速度为$v_r = r_1'\omega$。

齿轮齿条传动时，小齿轮的几何计算与两个齿轮传动时相同，重合度为：

$$\varepsilon = \varepsilon_a = \frac{\overline{C_1 C_2}}{p_b} = \frac{\overline{C_1 P} + \overline{C_2 P}}{p_b}$$

因为

$$\overline{C_1 C_2} = \overline{C_1 P} + \overline{C_2 P}$$

而

$$\overline{C_1 P} = r_{b1}(\tan\alpha_{a1} - \tan\alpha)$$

$$\overline{C_2 P} = \frac{h_a}{\sin\alpha} = \frac{h_a^* m}{\sin\alpha}$$

所以

$$\varepsilon = \varepsilon_a = \frac{1}{2\pi} z_1(\tan\alpha_{a1} - \tan\alpha) + \frac{2}{\pi\sin 2\alpha} \qquad (2-30)$$

标准渐开线圆柱齿轮传动的计算公式见附录表 2。

第三章　标准渐开线圆柱外齿轮的根切与变位齿轮传动

3.1　标准齿轮的根切和最少齿数

3.1.1　标准渐开线齿轮的加工方法

齿轮的加工方法很多，最常用的是切削加工法，此外还有铸造法、热轧法、电加工法等。但从加工原理上来看，这些加工方法可以归纳为仿形法和范成法两大类。

1. 仿形法

仿形法是指按照齿轮的形状来制造齿轮，铸造法和电加工法都属于仿形法。随着粉末冶金、失蜡铸造等精密铸造方法的出现，以及高强度塑料高分子树脂等新型材料的出现，铸造法的齿轮加工正日益得到广泛的应用。

切削加工方法中的仿形法，是用与齿轮齿间形状相同的圆盘铣刀（如图 3-1 所示）或指状铣刀（如图 3-2 所示），两者被称为成形铣刀，在普通铣床上将轮齿轮坯齿间部分的材料逐一铣掉，铣齿时，铣刀绕其轴线转动，同时轮坯沿其轴线方向进给，当铣完一个齿间后轮坯退回原处，然后用分度头将它转过 $360°/z$ 的角度，再铣切第二个齿间……这样逐齿铣削，直到铣完全部齿间为止，如图 3-2 所示的指状铣刀，还可以用来铣切没有退刀槽的整体人字齿轮。

用圆盘铣刀或指状铣刀加工时，其优点是不需要复杂的齿轮加工专用机床，只要有普通铣床配以分度头就可以进行加工，因此适用于中小型工厂。但是其缺点是：

（1）加工精度低，因为齿轮齿廓的形状取决于基圆的大小，而基圆半径即渐开线的形状与模数、齿数、压力角有关，即使压力角已统一为一个值，我国为20°，但模数的标准值有几十个，尤其是被加工齿轮的齿数更是难以硬性规定。因此，为了简化刀具的数目，实际上是按照不同的模数采用八把一套或十五把一套铣刀，其中每一把铣刀铣削若干齿数的齿轮。如表 3-1 所示的是八把一套铣刀各号刀加工齿数的范围，为了保证加工出来的齿轮在啮合时不会卡住，每一号铣刀的齿形都是按照所加工的一组齿轮中齿数最少的那个齿轮的齿形制成的，显然用这把铣刀铣削同组其他次数的齿轮时，其齿形是有一定误差的。

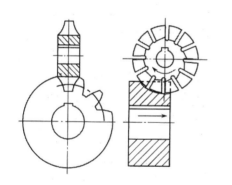
图 3-1　圆盘铣刀加工齿轮

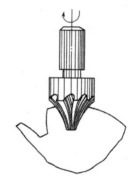
图 3-2　指状铣刀加工齿轮

表 3-1　八把一套铣刀加工齿数的范围

刀号	1	2	3	4	5	6	7	8
加工齿数范围	12~13	14~16	17~20	21~25	26~34	35~54	55~134	≥135

（2）这种方法的加工过程是不连续的，因此生产效率低，加工成本高。

2. 范成法

范成法是利用一对齿轮（或齿轮与齿条）啮合传动时，两齿轮齿廓互相包络的原理加工齿轮的。范成法切齿常用的刀具有齿轮插刀、齿条插刀和齿轮滚刀。下面以齿条插刀加工齿轮为例来说明范成法切削齿轮的过程。

齿条插刀切削齿轮的方法如图 3-3 所示，齿条插刀的中线与齿坯的分度圆相切，并以 $v_2 = r_1\omega_1$ 的运动关系作纯滚动（即范成运动），同时插齿刀沿齿坯轴线切削。齿条插刀刀刃在齿坯上切制出一簇刀刃轮廓线，其包络线便是齿坯的渐开线齿廓，如图 3-4 所示。

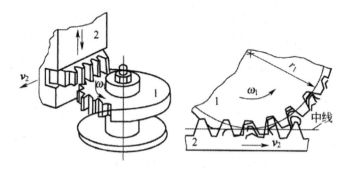

图 3-3　齿条插刀加工齿轮

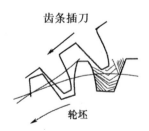

图 3-4　插刀刀刃包络线

齿条插刀切制齿轮时，同一把插刀可以加工任意齿数的齿坯，而且齿形准确。如图 3-5 所示为齿轮插刀加工齿轮，其工作原理与齿条插刀相同，但插齿有空回行程，仍然属于间断切削，故生产率不高，大批量生产时通常采用连续切削的滚齿加工齿轮，如图 3-5 所示，滚刀的形状如同蜗杆，轴面内为直线轮廓，滚刀切削齿坯相当于齿条与齿轮啮合，具有很高的生产效率。加工时只需要调整齿坯的转速 n_2，同一模数的滚刀可以加工不同齿数的齿轮。由于滚刀加工是切削连续且无选刀误差，故加工齿轮精度高，所以在生产中得到了广泛的应用。

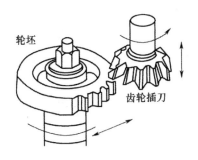

图 3-5　齿轮插刀加工齿轮

3.1.2　标准渐开线齿轮的根切

　　虽然渐开线齿轮能够满足正确啮合的条件，并且当重合度大于 1 时，理论上能够实现连续平稳的传动，但是用范成法加工出来的齿轮齿廓，因为靠近齿根处为过渡曲线，如果这部分与啮合齿轮的渐开线齿廓啮合传动时，是不符合齿廓啮合基本定律的。当被加工齿轮齿数过少时，刀尖的过渡曲线与被加工齿轮的渐开线段发生相交，使齿廓在靠近齿根处被刀具刀尖切去一部分，这种现象称为根切。齿轮有了根切，不但会削弱齿根强度，而且因齿廓渐开线段减短，重合度也将减小，根切现象严重时甚至不能连续平稳传动。下面分别研究渐开线齿轮发生根切的原因和不发生根切的条件。

　　1．渐开线的根切

　　如图 3-6 所示用齿条刀加工标准渐开线齿轮时，当刀具齿顶线超过加工时的啮合极限点 N_1 且刀具齿廓在实线位置时，其刀刃 DE 与齿坯被切齿廓 N_1M 在 N_1 点相切，这时刀具的齿顶未切入被加工齿轮的齿根。当被加工齿轮逆时针旋转过 β 角时，齿廓由 N_1M 转到 $N_1'M'$ 即虚线位置时，刀具同时水平右移一个距离 $r_1\beta$，使刀刃由 DE 移动到 $D'E'$，并与啮合线的延长线相交于 J 点，显然，刀具齿顶线超过加工时的啮合极限点 N_1，如图 3-6 所示。若以 N_1 为圆心、N_1J 为半径作圆弧 Q，显然 N_1' 点在圆弧 Q 内，而圆弧 Q 又在刀刃 $D'E'$ 内，即齿廓 $N_1'M'$ 的根部与刀刃相交而发生根切。

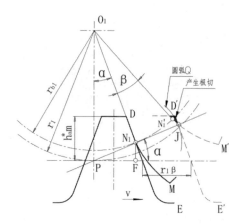

图 3-6　用齿条刀范成加工渐开线齿轮时的根切

当用圆形插齿刀范成加工渐开线齿轮时，如图 3-7 所示，齿轮 1 是插齿刀，齿轮 2 是被加工的齿轮，并且插齿刀 1 的齿顶圆超过加工时的啮合极限点N_1'时，加工的齿轮也会发生根切。相反地，如果被加工齿轮的齿顶圆超过加工的啮合极限点N_2时，则因刀具的齿根与被切齿轮的齿顶圆发生相交而把被加工齿轮的齿顶多去一些，这种现象称为顶切。发生顶切与根切的齿廓如图 3-8 所示。当用齿条刀加工齿轮时，由于加工时的另一个啮合极限点N_2在无限远处，因此不会发生顶切。

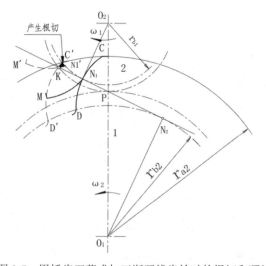

图 3-7　用插齿刀范成加工渐开线齿轮时的根切和顶切

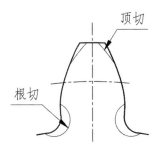

图 3-8　根切与顶切

2. 标准渐开线齿轮不发生根切的最少齿数

要使被切齿轮不发生根切，必须使刀具的顶圆不超过加工时的啮合极限点N_1。

所以用齿条刀加工标准齿轮时，由图 3-6 可见，不发生根切的条件是：

$$\overline{N_1F} \geqslant h_a^* m$$

这里

$$\overline{N_1F} = \overline{PN_1}\sin\alpha = \overline{O_1P}\sin^2\alpha = \frac{mz}{2}\sin^2\alpha$$

或

$$z_{min} = \frac{2h_a^*}{\sin^2\alpha} \qquad\qquad (3-1)$$

允许小量根切时，根据经验可取：

$$z'_{min} \approx \frac{5}{6}z_{min} \qquad\qquad (3-2)$$

因此，用齿条刀加工标准齿轮时，不发生根切的最少齿数为：

当$\alpha = 20°$、$h_a^* = 1$时，$z_{min} = 17$，$z'_{min} = 14$。

当$\alpha = 20°$、$h_a^* = 0.8$时，$z_{min} = 14$，$z'_{min} = 12$。

3.2 变位齿轮传动

3.2.1 变位齿轮的加工原理

标准齿轮传动虽然设计、计算比较简单，但其齿数不能少于最少齿数z_{min}，否则将发生根切。因此，为了降低机器的重量和减小尺寸，或者为了提高齿轮传动的质量和承载能力，变位齿轮传动已经得到日益广泛的应用。此外，在某些机器中，因给定的中心距不等于标准齿轮传动的中心距，也可以通过变位齿轮传动解决。

如前所述，用齿条刀范成加工齿轮齿廓的过程，相当于齿轮齿条的传动过程。所以如图 3-9 所示，在加工标准齿轮时，刀具中线与被加工齿轮的分度圆相切并作纯滚动。这时齿条刀的线速度等于被加工齿轮分度圆半径与角速度的乘积，即$v = r\omega$。如果在范成加工时，齿条刀与被加工齿轮的相对运动不变，仍为$v = r\omega$，但刀具中线相对于加工标准齿轮时的位置移动了一段距离xm，加工出来的齿轮称为变位齿轮。通常规定，刀具移离齿轮中心线时，x取正值，称为正变位，如图 3-10 所示；刀具移近齿轮中心线时，x取负值，称为负变位，如图 3-11 所示。变位齿轮径向与齿厚变动量如图 3-12 所示。

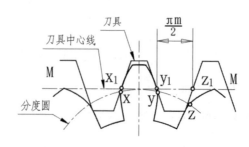

图 3-9　用齿条刀范成加工标准齿轮

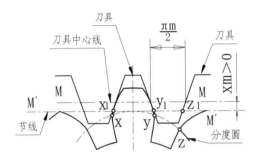

图 3-10　用齿条刀范成加工正变位齿轮

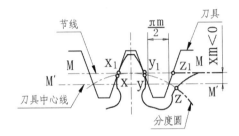

图 3-11　用齿条刀范成加工负变位齿轮

图 3-12　变位齿轮径向与齿厚变动量

3.2.2　外啮合变位齿轮的几何计算

由于范成法加工变位齿轮时，齿条刀的线速度 $v = r\omega$，所以被加工齿轮的分度圆应当是加工时的节圆，齿条刀上与分度圆相切的直线 $M'M'$ 应当是加工时的节线，又被称为机床节线。在齿条刀上任一与中线平行的直线上的模数与压力角均相等，并且等于标准值，因此，加工出来的齿轮其分度圆上的模数与压力角等于刀具的标准模数和压力角，分度圆和基圆也与标准齿轮相同，即

$$d = mz$$

$$d_b = m cos \alpha$$

但是，如图 3-10 所示，加工正变位齿轮时，因为刀具在$M'M'$线上的齿厚小于齿槽宽，即$\overline{y_1 z_1} < \overline{x_1 y_1}$，故齿轮在分度圆上的齿厚大于齿槽宽，即$\overparen{xy} > \overparen{yz}$。如图 3-11 所示，加工负变位齿轮时，因为刀具在$M'M'$线上的齿厚大于齿槽宽，即$\overline{y_1 z_1} > \overline{x_1 y_1}$，因此分度圆上的齿厚小于齿槽宽，即$\overparen{xy} < \overparen{yz}$。变位后的齿轮其齿厚与径向尺寸均发生了变化，变化量如图 3-12 所示。由上述可知，变位齿轮的齿厚为：

$$s = \frac{\pi m}{2} + 2xmtg\alpha \qquad (3-3)$$

式中变位系数应代入相应的符号，正变位时取正号，负变位时取负号。

由于变位齿轮的齿根圆是由刀具切深决定的，所以变位齿轮的齿根圆直径为：

$$d_f = d - 2h_f + 2xm = m(z - 2h_a^* - 2c^* + 2x) \qquad (3-4)$$

但若变位齿轮的齿顶圆与刀具切深没有关系，而是由毛坯的外径所决定的，如果保持全齿高不变，则齿顶圆直径为：

$$d_a = d + 2h_a + 2xm = m(z + 2h_a^* + 2x) \qquad (3-5)$$

用此式计算的齿顶圆，将使传动时的径向间隙变小，因此齿顶圆直径是按径向间隙不变导出的公式计算，见后面式（3-11）。

综上所述，变位齿轮与标准齿轮相比，负变位时分度圆齿厚减小，齿槽宽增大，齿根圆与齿顶圆也相应变小；正变位时分度圆齿厚增大，齿槽宽减小，齿根圆与齿顶圆也相应变大，但是基圆与分度圆均不变。因此，变位系数不相同而其他参数相同的齿轮，它们的齿廓曲线都是基圆直径相等的渐开线的不同段，如图 3-13 所示。

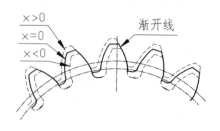

图 3-13　不同变位系数的变位齿轮的齿廓

虽然变位齿轮和标准齿轮在分度圆上的模数和压力角是相等的，但是它们的分度圆齿厚与分度圆齿槽宽是不相等的，所以一对变位齿轮作无齿侧间隙啮合时，它们的分度圆不一定相切，节圆不一定与分度圆重合，中心距与啮合角也不一定和标准齿轮传动时相等。如图3-14所示，假设一对齿轮变位后的中心距由 a 变为 a'，因为基圆的大小不变，因此它们的内公切线方向，即啮合线方向，要作相应的改变。变位齿轮传动时的啮合角 α' 仍然由无齿侧间隙条件决定，即一个齿轮的节圆齿厚应该等于另一个齿轮节圆的齿槽宽，即

$$e_1' = s_2'$$

式中 e_1' 为齿轮 1 的节圆齿槽宽，s_2' 为齿轮 2 的节圆齿厚。

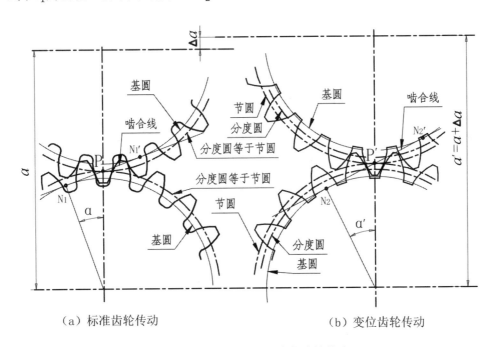

（a）标准齿轮传动　　　　　　　（b）变位齿轮传动

图 3-14　标准齿轮传动与变位齿轮传动

因此，无齿侧间隙的节圆齿距为：

$$p' = s_2' + e_2' = s_2' + s_1' \qquad (3-6)$$

由式（2-27）得：

$$s_1' = s_1 \frac{r_1'}{r_1} - 2r_1'(inv\alpha' - inv\alpha) \qquad (3-7)$$

$$s_2' = s_2 \frac{r_2'}{r_2} - 2r_2'(inv\alpha' - inv\alpha) \qquad (3-8)$$

由式（1-6）可以得到：

$$\frac{r_1'}{r_1} = \frac{\cos\alpha}{\cos\alpha'}, \quad \frac{r_2'}{r_2} = \frac{\cos\alpha}{\cos\alpha'} \qquad (3-9)$$

$$p' = p\frac{\cos\alpha}{\cos\alpha'} = \pi m\frac{\cos\alpha}{\cos\alpha'} \qquad (3-10)$$

将式（3-7）、式（3-8）、式（3-9）、式（3-10）和式（3-3）代入式（3-6），整理后可以得到：

$$inv\alpha' = inv\alpha + \frac{2(x_1 + x_2)}{z_1 + z_2}\tan\alpha \qquad (3-11)$$

式中x_1、x_2为齿轮 1 与齿轮 2 的变位系数；z_1、z_2为齿轮 1 与齿轮 2 的齿数；$inv\alpha$、$inv\alpha'$为压力角与啮合角的渐开线函数。

此式称为无齿侧间隙啮合方程式，它表明了变位齿轮传动在无齿侧隙啮合时变位系数的和$(x_1 + x_2)$与啮合角α'的关系。啮合角α'与中心距a'有着密切的关系，因此将式（3-9）所表示的节圆半径

$$r_1' = r_1\frac{\cos\alpha}{\cos\alpha'}, \quad r_2' = r_2\frac{\cos\alpha}{\cos\alpha'} \qquad (3-12)$$

代入式（2-17），可以求得无齿侧间隙传动的中心距为：

$$a' = r_1' + r_2' = (r_1 + r_2)\frac{\cos\alpha}{\cos\alpha'} = a\frac{\cos\alpha}{\cos\alpha'} \qquad (3-13)$$

变位齿轮传动的中心距a'与标准齿轮传动的中心距a之差，称为中心距变动量，记为ym，y称为中心距变动系数，其值为：

$$y = \frac{a' - a}{m} = \frac{z_1 + z_2}{2}\left(\frac{\cos\alpha}{\cos\alpha'} - 1\right) \qquad (3-14)$$

由中心距和变位系数的关系，可以求得径向间隙c与齿顶圆直径的关系，由图

3-14（b）可知，径向间隙为：

$$c = a' - r'_{a1} - r'_{f2} = a' - r'_{f1} - r'_{a2}$$

将式（3-4）与式（3-5）代入上式，可以得到：

$$c = r_1 + r_2 + ym - [r_1 - (h_a^* + c^* - x_1)m] - [r_2 + (h_a^* + x_2)m]$$

$$= [c^* - (x_1 + x_2 - y)]m$$

由上式可知，当齿顶圆直径由式（3-5）计算时，变位齿轮传动的径向间隙将比标准齿轮传动时的径向间隙减小$(x_1 + x_2 - y)$m。径向间隙的减小将影响润滑油的贮存，因此常取变位齿轮传动的径向间隙等于标准齿轮的径向间隙，为此只能将齿顶圆缩小，即将两个齿轮的齿顶减短$\Delta ym = (x_1 + x_2 - y)$m，$\Delta y$称为齿顶高变动系数，即

$$\Delta y = x_1 + x_2 - y \qquad\qquad (3-15)$$

所以，保证标准径向间隙时的齿顶圆直径为：

$$d_a = d + 2h_a^* m + 2xm - 2\Delta ym = m(z + 2h_a^* + 2x - 2\Delta y) \qquad (3-16)$$

对于外啮合传动，上式的齿顶高变动系数永远是正值。

在计算变位齿轮传动的尺寸时，除分度圆直径d与基圆直径d_b与标准齿轮的尺寸相同，其余尺寸均与变位系数x_1和x_2、中心距a'、啮合角a'有关，三者的关系可以由式（3-11）和式（3-13）计算得到，计算时给定其中的一个参数，即可以由这两个公式求出其余两个参数。因此计算变位齿轮的尺寸时，除了要给出m、z_1、z_2、h_a^*和α五个参数外，还要给出变位系数x_1和x_2或中心距a'。根据已知条件的不同，变位齿轮的尺寸计算步骤也不相同，可以分为以下两种。

（1）已知m、z_1、z_2、h_a^*、α以及变位系数x_1和x_2。

由式（3-11）计算出相互啮合齿轮的啮合角，式（3-13）计算出中心距，由式（3-12）计算出中心距变动系数再由式（3-13）计算出齿顶高变动系数，其余尺寸按相关公式计算求得。

（2）已知m、z_1、z_2、h_a^*、α以及中心距a'。

由式（3-13）计算出相互啮合齿轮的啮合角，由式（3-11）计算出变位系数之和（$x_1 + x_2$），由式（3-14）计算出中心距变动系数y，再由式（3-15）计算出齿顶高变动系数σ，按照变位系数的分配原则分配相互啮合齿轮的变位系数x_1和x_2，其余尺寸按相关公式计算求得。

3.2.3　变位齿轮的用途

由于变位齿轮有一系列的特点，在机构传动中得到了广泛的应用。变位齿轮的用途主要有以下几个方面。

（1）减小齿轮传动的结构尺寸，减轻重量。

在传动比一定的条件下，可以使小齿轮齿数$z_1 < z_{min}$，从而使传动的结构尺寸减小，减轻机构的重量。

（2）避免根切，提高齿根的弯曲强度。

用范成法加工变位齿轮时，齿轮的齿数可以少于最少齿数z_{min}而不会产生根切，提高齿根的弯曲强度。产生根切的齿轮，其靠近基圆的一段渐开线被切掉，齿廓出现尖点，削弱了轮齿的抗弯强度。

（3）提高轮齿的强度。

正变位齿轮齿根厚度增加，对抗弯强度显然有利，齿面曲率半径增大也有利于接触强度，因为两个齿廓啮合时其接触应力是随着两个齿廓综合曲率半径的增加而减少的。变位齿轮的加工并不比标准齿轮的加工多增任何麻烦的操作，因此使用变位齿轮对提高齿轮的承载能力来说是非常有效的途径。

（4）提高齿面的抗胶合与耐磨损能力。

在第二章2.3节中曾经讨论过互相啮合的一对渐开线齿廓的滑动状况。通常，小齿轮根部的滑动比大于大齿轮根部的滑动比，并且随着传动比i_{12}的增大，其差别也随之增大，这就使得小齿轮根部将磨损得较快。这是因为小齿轮根部的开始啮合点B_1接近于极限啮合点N_1。如果采用负变位的方法加工大齿轮，大齿轮的齿顶圆变小，B_1 点就会远离 N_1 点，为了不使实际啮合线的长度变短，同时使小齿轮正变位、小齿轮的齿顶圆变大、$\overline{PB_2}$ 增大，同时采用啮合角 $\alpha' > \alpha$ 的正传动，并适当分配变位系数 x_1 与 x_2，这样就会改变实际啮合线 B_1B_2 在 $\overline{N_1N_2}$ 上的位置，从而使齿面的滑动状况得到改善，使两个齿轮的最大滑动率相等，既可以降低齿面接触应力，又可以降低齿面间的滑动率从而提高齿轮的抗胶合与耐磨损能力。如图 3-15 所示，B_1B_2 为标准齿轮的实际啮合线，$B_1'B_2'$ 为大齿轮负变位、小齿轮正变位后的实际啮合线。

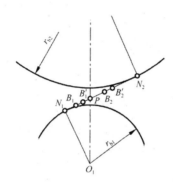

图 3-15 变位齿轮传动中啮合线的改变

（5）配凑安装中心距。

由于标准齿轮安装的限制，标准齿轮不适合 $a' \neq a$ 的场合。如果需要在 $a' > a$ 的中心距安装，必然出现大的啮合侧隙；如果当 $a' < a$ 时，两个齿轮根本无法实现安装。

利用变位切削能够改变轮齿的齿厚，当 $a' > a$ 时，采用正变位，使齿轮齿厚增加一些，就可以消除侧隙；当 $a' < a$ 时，利用负变位，把齿厚减薄一些，可以实现无侧隙啮合。

（6）修复被磨损的旧齿轮。

齿轮传动中，小齿轮磨损较严重，大齿轮磨损较轻，可以利用负变位把大齿轮齿面的磨损部分切去再使用，再配一个正变位小齿轮，这就节约了修配时所需要的材料与加工费用。

3.3　外啮合齿轮变位系数的选择

3.3.1　外啮合齿轮选择变位系数的基本原则

为了充分发挥变位齿轮的优越性，必须正确地选择变位系数。对于在不同条件下工作的齿轮传动，应当根据其材料和热处理的情况以及对传动质量指标的不同要求，对相互啮合的一对齿轮，选取不同的变位系数x_1和x_2，以达到提高齿轮传动性能的要求。如果变位系数选择不恰当，就可能出现齿顶变尖，以及齿廓干涉等一系列问题，破坏正常啮合。因此，选择变位系数应在以下基本限制的条件得到保证的前提下，再进一步考虑其他要求。

根据不同的要求，选择变位系数的一般原则为：

（1）不发生根切。

（2）不产生齿廓干涉。

（3）有足够的齿顶厚度，通常$s_a \geqslant （0.25\sim0.4）m$。

（4）有足够的重合度，通常$\varepsilon > 1.1\sim1.2$。

（5）润滑条件良好的闭式齿轮传动。

当齿轮表面的硬度不高时（HBS<350），即对于齿面未经渗碳、渗氮、表面淬火等硬化处理的齿轮，齿面疲劳点蚀、表面损伤为其主要的失效形式，这时应选择尽可能大的总变位系数x_Σ，即尽量增大啮合角α'，以便增大节点处齿廓的综合曲率半径，从而达到减少接触应力，提高接触强度与疲劳寿命的目的。

当齿轮表面硬度较高时（HBS>350），齿轮主要的失效形式为疲劳裂纹的扩展造成轮齿断裂，这时选择变位系数应使齿轮的齿根弯曲强度尽量增大，并尽量使相互啮合的两个齿轮具有相近的弯曲强度。

（6）开式齿轮传动。

齿面磨损或轮齿折断为其主要的失效形式，因此应选择总变位系数x_Σ尽可能大的正变位齿轮，并适当分配变位系数，使两轮齿根处的最大滑动率相等，这样不仅能够减小最大滑动率，提高齿轮的耐磨损能力，同时还可以增大齿极厚度，提高轮齿的弯曲强度。

（7）重载齿轮传动。

重载齿轮传动的齿面容易产生胶合破坏，除了要选择合适的润滑油黏度或采用含有添加剂的活性润滑油等措施外，采用变位齿轮时，应该尽量增大总变位系数x_Σ，从而增大传动的啮合角α'，并适当分配变位系数x_1和x_2，使最大滑动率接近相等，这样不仅可以增大齿面的综合曲率半径，从而减小齿面接触应力，还可以减小最大滑动率以提高齿轮的抗胶合能力。

（8）斜齿圆柱齿轮传动。

斜齿圆柱齿轮传动采用高度变位或角度变位，利用角度变位，可以增加齿面的综合曲率半径，有利于提高斜齿轮的接触强度，但是，当变位系数较大时，会使啮合轮齿的接触线过分地缩短，反而降低其承载能力。所以，采用角度变位对提高斜齿圆柱齿轮承载能力的效果并不明显。有些情况下，为了配凑中心距的需要，采用变位齿轮时，可以按其当量齿数z_v（其值为$z/\cos^3\beta$），用直齿圆柱齿轮选择变位系数的方法确定其变位系数。

3.3.2　选择外啮合齿轮变位系数的限制条件

正确地选择变位系数，包括选定x_Σ和将x_Σ适当地分配为x_1和x_2，是设计变位齿轮的关键，应该根据所设计的齿轮传动的具体工作要求确定技术参数。如果变位系数选择得不合适，就可能出现齿顶变尖、齿廓干涉等一系列问题，破坏齿轮的正常啮合。如表 3-2 所示给出了选择外啮合齿轮变位系数的限制条件。

表 3-2 选择外啮合齿轮变位系数的限制条件

限制条件	校验公式					说　明
加工时 不根切	用齿条型刀具加工	$z_{min} = 2h_a^*/\sin^2\alpha$ $x_{min} = h_a^* \dfrac{z_{min}-z}{z_{min}} = \dfrac{z\sin^2\alpha}{2}$ 对于不同的齿形角α、齿顶高系数h_a^*和x_{min}值如下：				齿数太少或变位系数太小或负变位太大时，都会产生根切 z_0——插齿刀齿数 h_a^*——加工齿轮的齿顶高系数 h_0^*——插齿刀的齿顶高系数 α——插齿刀或齿轮的分度圆压力角 z——被加工齿轮的齿数
		α	20°	20°	14.5°	15°	25°
		h_a^*	1	0.8	1	1	1
		z_{min}	17	14	32	30	12
		x_{min}	$\dfrac{17-z}{17}$	$\dfrac{14-z}{17.5}$	$\dfrac{32-z}{32}$	$\dfrac{30-z}{30}$	$\dfrac{12-z}{12}$
	用插齿刀加工	$z'_{min} = \sqrt{z_0^2 + \dfrac{4h_{a0}^*}{\sin^2\alpha}(z_0^2 + h_{a0}^*)} - z_0$ $x_{min} = \dfrac{1}{2}\left[\sqrt{(z_0 + 2h_{a0}^*)^2 + (z^2 + 2zz_0)\cos^2\alpha} - (z_0 + z)\right]$ 当插齿刀的齿顶高系数h_{a0}^*与齿数z_0不同时，其加工标准外齿直齿轮不根切的最少齿数z'_{min}如下（表中的数值是按$\alpha = 20°$、刀具变位系数$x_0 = 0$时算出的，若$x_0 > 0$，z'_{min}将略小于表中数值，若$x_0 < 0$，z'_{min}将略大于表中数值）：					
		z_0	12~16	17~22	24~30	31~38	40~60	68~100
		h_{a0}^*	1.3	1.3	1.3	1.25	1.25	1.25
		z'_{min}	16	17	18	18	19	20
加工时 不顶切	用标准截面的插齿刀加工标准齿轮时 $z_{max} = \dfrac{z_0^2\sin^2\alpha - 4h_a^{*2}}{4h_a^* - z_0\sin^2\alpha}$ 当$h_a^* = 1$、$\alpha = 20°$时，对于不同的插齿刀齿数z_0，其z_{max}值如下：					当被加工齿轮的齿顶圆超过刀具的极限啮合点时，将产生"顶切"
		z_0	10	11	12	13	14	15	16	17	
		z_{max}	5	7	12	26	45	101	∞		
齿顶 不过薄	一般要求齿顶厚$s_a \geqslant 0.25m$，对于表面淬火齿轮，$s_a > 0.4m$，变位系数较大，特别是齿数较少时，按下式验算齿顶厚： $s_a = d_a\left(\dfrac{\pi}{2z} + \dfrac{2x\tan\alpha}{z} + inv\alpha - inv\alpha_a\right) \geqslant (0.25 \sim 0.4)m$					d_a——齿轮的齿顶圆直径 α_a——齿轮的齿顶圆压力角 $\alpha_a = \arccos(d_b/d_a)$
不产生 过渡曲线 干涉	1. 用齿条型刀具加工的齿轮啮合时 （1）小齿轮齿根与大齿轮齿顶不产生干涉的条件 $\tan\alpha' - \dfrac{z_2}{z_1}(\tan\alpha_{a2} - \tan\alpha') \geqslant \tan\alpha - \dfrac{4(h_a^* - x_1)}{z_1\sin 2\alpha}$ （2）大齿轮齿根与小齿轮齿顶不产生干涉的条件 $\tan\alpha' - \dfrac{z_1}{z_2}(\tan\alpha_{a1} - \tan\alpha') \geqslant \tan\alpha - \dfrac{4(h_a^* - x_2)}{z_2\sin 2\alpha}$ 2. 用插齿刀加工的齿轮啮合时 （1）小齿轮齿根与大齿轮齿顶不产生干涉的条件 $\tan\alpha' - \dfrac{z_2}{z_1}(\tan\alpha_{a2} - \tan\alpha') \geqslant \tan\alpha'_{01} - \dfrac{z_0}{z_1}(\tan\alpha_{a0} - \tan\alpha'_{01})$ （2）大齿轮齿根与小齿轮齿顶不产生干涉的条件 $\tan\alpha' - \dfrac{z_1}{z_2}(\tan\alpha_{a1} - \tan\alpha') \geqslant \tan\alpha'_{02} - \dfrac{z_0}{z_1}(\tan\alpha_{a0} - \tan\alpha'_{02})$					当一齿轮的齿顶与另一齿轮根部的过渡曲线接触时，不能保证其传动比为常数，此种情况称为过渡曲线干涉 当所选的变位系数的绝对值过大时，就可能发生这种干涉 用插齿刀加工的齿轮比用齿条型刀具加工的齿轮容易产生过渡曲线干涉 x_1、x_2——齿轮1、2的变位系数
保证 重合度	当啮合角α'较大时，对于短齿正变位齿轮传动，特别是当齿数少时，按下式校验： $\varepsilon_a = \dfrac{1}{2\pi}[z_1(\tan\alpha_{a1} - \tan\alpha') + z_2(\tan\alpha_{a2} - \tan\alpha')] \geqslant 1.2$					变位齿轮传动的重合度ε_a随着啮合角α'的增大而减小 α'——齿轮传动的啮合角；α_{a1}、α_{a2}——齿轮1、2的齿顶压力角

注：表中给出的是直齿轮的公式，对于斜齿轮，可以用其端面参数计算。

3.3.3　外啮合齿轮变位系数的选择

现有许多变位系数表和线图所推荐的变位方案，都是在满足上述限制条件的基础上，分别侧重于改善某些传动性能指标，如为了获得最大的接触强度，或者为了使相互啮合的齿轮均衡地磨损等。

图 3-16、图 3-17、图 3-18 是三种比较简明的外啮合渐开线齿轮变位系数选择线图。它在满足基本的限制基础上，提供了根据各种具体的工作条件改进传动性能多方面的可能性，而且按这种方法选择变位系数，不会产生轮齿不完全切削的现象，所以，对于用标准滚刀切制的齿轮不需要进行模数与齿数的验算。

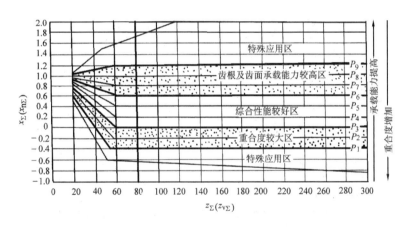

图 3-16　总变位系数 x_Σ（$x_{\Sigma n}$）的选择

利用图 3-16 可以根据不同的要求在相应的区间按 $z_\Sigma = z_1 + z_2$ 选定 $x_\Sigma = x_1 + x_2$。$P_1 \sim P_3$ 为重合度较大的区域；$P_3 \sim P_6$ 为轮齿的承载能力和运转平稳性等综合性能比较好的区域；$P_6 \sim P_9$ 为齿根弯曲强度及齿面接触承载能力较高的区域；P_1 以下的"特殊应用区域"是具有较小的啮合角而重合度相应增大的区域，在这个特殊应用区域内，对减速传动，当 $1 < i < 2.5$ 时有齿廓干涉的危险，对增速传动，当 $x \leqslant -0.6$ 时有齿廓干涉的危险；P_9 以上的"特殊应用区域"是具有大啮合角而重合度相应减少的区域。

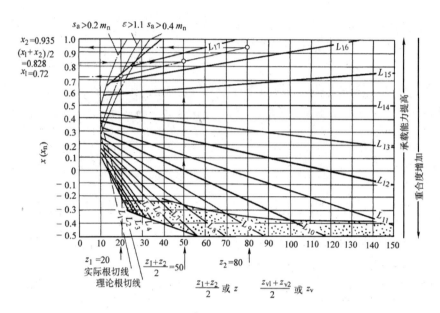

图 3-17　用于减速传动的将 x_Σ 分配为 x_1（x_{1n}）和 x_{2n} 的线图

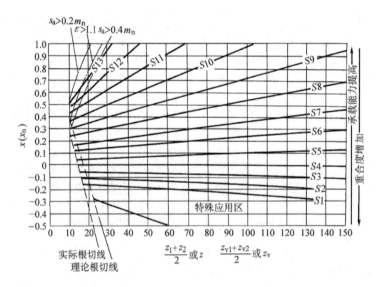

图 3-18　用于增速传动的将 x_Σ 分配为 x_1（x_{1n}）和 x_{2n} 的线图

利用图 3-17 和图 3-18 将 x_Σ 分配为 x_1 和 x_2。图 3-17 用于减速传动，图 3-18 用于增速传动。图 3-17 和图 3-18 的变位系数分配线 $L1$～$L17$ 和 $S1$～$S13$ 是根据两个齿轮的齿根弯曲强度近似相等、主动齿轮齿顶的滑动速度稍大于从动齿轮齿顶的滑动速度、避免过大的滑动比等条件而绘出的。当变位系数x_1或x_2位于图 3-17 下部的阴影区内时，应该验算过渡曲线干涉。图 3-18 下部的"特殊应用区域"是具有较小的啮合角而重合度相应增大的区域。

利用图 3-17 或图 3-18 分配变位系数时，首先在图 3-17 或图 3-18 上找出由$\frac{z_1+z_2}{2}$和$\frac{x_\Sigma}{2}$所决定的点，由此点按 L 或 S 射线的方向作一条射线，在此射线上找出与z_1和z_2的点，即可从纵坐标轴上查得x_1和x_2。

当齿数$z > 150$时，按$z = 150$处理。

图 3-17 与图 3-18 也可以用于斜齿轮传动，这时变位系数应按当量齿数$z_v = \frac{z}{\cos^3\beta}$ 来选择。

例 3-1 已知直齿圆柱齿轮$z_1 = 20$、$z_2 = 80$、$m = 10\text{mm}$，减速传动，需要提高齿轮的承载能力，请选择两个齿轮的变位系数。

解： 按$z_\Sigma = z_1 + z_2 = 100$，从图 3-16 中 $P9$ 线的下方区域初步选$x_\Sigma = 1.6$，利用附录表 3 中的公式求出中心距$a' = 514.45\text{mm}$，取$a' = 515\text{mm}$，则：

$$y = \frac{a'}{m} = \frac{z_1 + z_2}{2} = 1.5$$

$$\cos\alpha' = \frac{\cos 20°}{\dfrac{2y}{z_1 + z_2}}$$

$$\alpha' = 24.1716°$$

$$x_\Sigma = (inv\alpha' - inv20°)\frac{z_1 + z_2}{2\tan 20°} = 1.655$$

在图 3-17 中找出$\frac{z_\Sigma}{2} = 50$和$\frac{x_\Sigma}{2} = 0.828$决定的点，自此点按 L 射线的方向引一条射线，在此射线上按$z_1 = 20$、$z_2 = 80$选定$x_1 = 0.72$和$x_2 = 0.935$。

例 3-2 某变速箱中的减速齿轮，$z_1 = 40$，$z_2 = 250$，$m_n = 10\text{mm}$，$\beta = 25°$，要求大、小齿轮具有均衡的承载能力与耐磨损性能，求各齿轮的变位系数。

解： $z_{v1} = \frac{z_1}{\cos^3\beta} = \frac{40}{\cos^3 25°} \approx 54$，$z_{v2} = \frac{z_2}{\cos^3\beta} = \frac{250}{\cos^3 25°} \approx 337$

因为$z_{v2} > 150$，所以取$z_{v2} = 150$。

根据题目的要求，从图 3-16 中按$z_{v1} + z_{v2} = 54 + 150 = 204$选取$x_{n\sum} = 0.4$，在图 3-17 中从$\dfrac{54+150}{2} = 102$和$\dfrac{x_{n\sum}}{2} = 0.2$决定的点引射线$L$，在射线$L$上按$z_{v1} = 54$、$z_{v2} = 150$选得$x_{n1} = 0.32$、$x_{n2} = 0.08$。

第四章　内啮合渐开线圆柱齿轮传动

4.1　内啮合标准齿轮传动

内啮合齿轮传动是由一个内齿轮与一个外齿轮组成，传动时两个齿轮的旋转方向相同，如图 4-1 所示。外齿轮 1 的齿廓形状与尺寸计算和外啮合齿轮传动时相同，标准齿轮的分度圆、齿顶圆与齿根圆仍然按照式（2-2）、式（2-7）、式（2-8）计算，其渐开线齿廓是由$d_{b1} = d_1 \cos\alpha$的基圆产生，凸面是其工作面。内齿轮的分度圆直径为$d_2 = mz_2$，它的齿顶圆在内部，齿根圆在外部，标准内齿轮的齿顶圆与齿根圆的尺寸分别为：

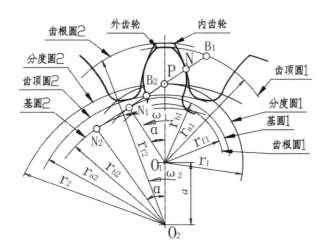

图 4-1　内啮合标准齿轮传动

$$d_{a2} = d_2 - 2h_a = m(z_2 - 2h_a^*) \qquad (4-1)$$

$$d_{f2} = d_2 + 2h_f = m(z_2 + 2h_a^* + 2c^*) \qquad (4-2)$$

式中齿顶高h_a和齿根高h_f仍按式（2-4）和式（2-5）计算。内齿轮的渐开线是由直径为$d_{b2} = d_2 cos\alpha$的基圆产生，凹面是其工作面，传动是由外齿轮的凸面与内齿轮的凹面接触工作的。为了使传动不发生非渐开线接触，内齿轮的齿顶圆应该大于基圆，即$d_{a2} > d_{b2}$，所以，标准内齿轮的齿数应满足下式：

$$z_2 \geqslant \frac{2h_a^*}{1-cos\alpha} \qquad (4-3)$$

当$\alpha = 20°$，$h_a^* = 1$时，$z_2 \geqslant 34$。

与外齿轮相同，可以推导出内齿轮的任意半径齿厚公式为：

$$s_k = s\frac{r_k}{r} + 2r_k(inv\alpha_K - inv\alpha) \qquad (4-4)$$

假设内齿轮为主动轮，并且某一瞬间两个齿轮齿廓的接触点是N，过N点分别作两个基圆的切线NN_1与NN_2，如图4-1所示，显然，这两条直线重合且过固定节点P，即NN_1N_2是啮合线。但是两个齿轮的啮合只能在外齿轮齿顶圆与啮合线的交点B_1开始，到内齿轮齿顶圆与啮合线的交点B_2结束，即B_1B_2是实际啮合线。由于内齿轮、外齿轮的齿廓均是渐开线，与外啮合传动相同，能够证明符合齿廓啮合基本定律，中心距具有可分性，其正确啮合条件为：

$$\begin{cases} m_1 = m_2 = m \\ \alpha_1 = \alpha_2 = \alpha \end{cases} \qquad (4-5)$$

即啮合角等于标准压力角。

标准传动时两个齿轮的分度圆相切，节圆与分度圆重合，中心距为：

$$a = r_2' - r_1' = r_2 - r_1 = \frac{m}{2}(z_2-z_1) \qquad (4-6)$$

4.2 内啮合齿轮的顶切与干涉

4.2.1 内齿轮加工中的顶切

内齿轮加工时可能发生以下两种顶切现象：展成顶切和径向切入顶切。

1. 展成顶切

加工齿轮时，当齿轮的齿顶圆与啮合线的交点超过插齿刀基圆与啮合线的切点N_0时，产生展成顶切，如图 4-2 所示。为避免上述现象，须满足下列条件：

$$\overline{N_2B_2} \geqslant \overline{N_0N_2} \tag{4-7}$$

根据上述条件可得：

$$\frac{z_{02}}{z_2} \geqslant 1 - \frac{\tan\alpha_{a2}}{\tan\alpha'_{02}} \tag{4-8}$$

式中α_{a2}为内齿轮 2 的齿顶压力角，z_{02}为加工内齿轮 2 的插齿刀齿数。

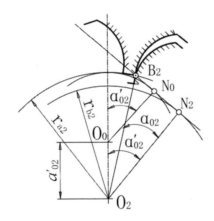

图 4-2　内齿轮的展成顶切

用刃磨至原始截面（即$x_{02}=0$）的插齿刀加工标准内齿轮时（$\alpha'_{02}=\alpha$），不产生展成顶切现象的插齿刀最少齿数z_{0min}如表 4-1 所示。

表 4-1　加工标准内齿轮时不产生展成顶切的插齿刀最少齿数z_{0min}

（$x_2=0$，$x_{02}=0$，$\alpha=20°$）

插齿刀齿数 z_{0min}			29	28	27	26	25	24	23	22	21	20	19	18	17	16	15	14
齿顶高系数	$h_a^*=1$	内齿轮齿数 z_2	34	35	36	37	38~39	40~41	42~45	46~52	53~63	86~160	≥160					
	$h_a^*=0.8$							27	-	28	29	30~31	32~34	35~40	41~50	51~76	77~269	≥270

在少齿差内啮合传动中，通常采用 $x_2 \geq 0$。当 $x_2 - x_{02} = 0$ 时，$\alpha'_{02} = \alpha$；若 $x_2 > 0$ 使得 r_{a2} 增大，$\overline{N_2 B_2}$ 的长度增大，则不容易发生顶切，这时的 z_{0min} 值可比表 4-1 中的值更小。当 $x_2 - x_{02} < 0$ 时，$\alpha'_{02} < \alpha$；若 $x_2 \geq 0$，则由式（4-8）可知，这时的 z_{0min} 值将比表 4-1 中的值小。当 $x_2 - x_{02} > 0$ 时，$\alpha'_{02} > \alpha$；若 $x_{02} \geq 0$，由计算得知，所要求的 z_{0min} 值将比表 4-1 中的值小；若 $x_{02} < 0$，由计算得知，所要求的 z_{0min} 值将比表 4-1 中的值大。当压力角 $\alpha = 20°$ 时，如果 $x_{02} < 0$、$x_2 \geq 0$，选择插齿刀齿数时可以根据齿顶高系数 h_a^* 的不同，参考表 4-2 和表 4-3 选取，只要插齿刀的齿数不小于表中所要求的插齿刀最少齿数 z_{0min}，内齿轮就不会产生展成顶切。

综上所述，当 $x_2 \geq 0$ 时，不论插齿刀的变位系数是正值还是负值，只要插齿刀齿数 z_0 不小于表 4-2 和表 4-3 中所要求的插齿刀最少齿数，内齿轮就不会发生展成顶切现象。

表 4-2　加工内齿轮时不产生展成顶切的插齿刀最少齿数 z_{0min}

（$x_2 - x_{02} \geq 0$，$h_a^* = 0.8$，$\alpha = 20°$）

x_{02}	0								-0.105							
x_2	0	0.2	0.4	0.6	0.8	1	1.2	1.4	0	0.2	0.4	0.6	0.8	1	1.2	1.4
z_{0min}	内齿轮齿数 z_2															
10				20~35	20~53	20~74	20~97					20~27	20~39	20~53	20~69	
11			20~28	36~52	54~79	75~100	98~100				20~21	28~36	40~52	54~71	70~100	
12			29~48	53~89	80~100						22~30	37~50	53~73	72~98		
13		20~27	49~100	90~100							31~44	51~75	74~100	99~100		
14		28~100								20~28	45~78	76~100				
15	≥77	≥39								29~94	79~100					
16	51~76	28~38							≥95	≥57						
17	41~50	24~27							≥67	29~56						
18	35~40	22~23							47~66	23~28						
19	32~34	21							39~46	21~22						
20	30~31								34~38							
21	29								31~33							
22	28								30							
23	-								29							
24	27								28							
25									27							

续表

x_{02}	−0.263								−0.315							
x_2	0	0.2	0.4	0.6	0.8	1	1.2	1.4	0	0.2	0.4	0.6	0.8	1	1.2	1.4
z_{0min}	内齿轮齿数 z_2															
10					20~21	20~30	20~39	20~49					20	20~28	20~36	20~46
11					22~27	31~37	40~48	50~60					21~25	29~34	37~44	47~56
12			20~22	28~34	38~47	49~61	61~77					20~21	26~31	35~42	45~55	57~69
13			23~28	35~43	48~60	62~78	78~98					22~26	32~39	43~53	56~69	70~86
14			29~37	44~57	61~79	79~100	99~100					27~33	40~50	54~88	70~88	87~100
15		20~26	38~52	58~79	80~100						20~23	34~44	51~66	89~90	89~100	
16		27~40	53~79	80~100							24~33	45~61	67~92	91~100		
17		41~77	80~100								34~51	62~95	93~100			
18		78~100									52~100	96~100				
19	≥94	≥22								≥23						
20	51~93								≥77	22						
21	39~50								46~76							
22	34~38								36~45							
23	31~33								32~35							
24	29~30								29~31							
25	28								28							

注：（1）该表是按内齿轮齿顶圆公式 $d_{a2} = m(z_2 - 2h_a^* + 2x_2)$ 作出的。

（2）当用公式 $d_{a2} = m(z_2 - 2h_a^* + 2x_2 - 2\Delta y)$ 计算内齿轮齿顶圆时，内齿轮的齿顶高要比用公式 $d_{a2} = m(z_2 - 2h_a^* + 2x_2)$ 计算的高 $2m\Delta y$，即内齿轮的实际齿顶高系数应该是 $(h_a^* + \Delta y)$，查此表时，所采用的齿顶高系数应该等于或略大于内齿轮的实际齿顶高系数。例如，某内齿轮的齿顶高系数 $h_a^* = 0.8$，计算得 $\Delta y = 0.162$，则实际齿顶高系数为 $h_a^* + \Delta y = 0.962$，应按 $h_a^* = 1$ 查表 4-3 中的有关值。

表 4-3　加工内齿轮时不产生展成顶切的插齿刀最少齿数 z_{0min}

$(x_2 - x_{02} \geqslant 0,\ h_a^* = 1,\ \alpha = 20°)$

x_{02}	0								−0.105							
x_2	0	0.2	0.4	0.6	0.8	1	1.2	1.4	0	0.2	0.4	0.6	0.8	1	1.2	1.4
z_{0min}	内齿轮齿数 z_2															
10						20~23	20~33	20~43						20	20~28	20~37
11						24~29	34~41	44~55						21~25	29~35	38~45
12					20~24	30~38	42~54	56~71					20~21	26~31	36~43	46~56
13					25~32	39~51	55~72	72~95					22~26	32~39	44~54	57~70
14				20	33~45	52~71	73~100	92~100					27~34	40~51	55~70	71~90
15				21~32	46~70	72~100						20~23	35~45	52~68	71~93	91~100
16				33~64	71~100							24~34	46~64	69~98	94~100	
17				65~100								35~54	65~100	99~100		
18		≥95	≥27									55~100				
19	≥86	53~94	22~26								≥23					
20	64~85	41~52								≥69	22					
21	53~63	35~40							≥79	44~68						
22	46~52	32~34							60~78	36~43						
23	42~45	30~31							56~59	32~35						
24	40~41	28~29							45~55	29~31						
25	38~39								41~44	28						
26	37								39~40							
27	36								37~38							
28	35								36							
29	34								35							
30									-							
31									34							

续表

x_{02}	-0.263								-0.315							
x_2	0	0.2	0.4	0.6	0.8	1	1.2	1.4	0	0.2	0.4	0.6	0.8	1	1.2	1.4
z_{0min}	内齿轮齿数 z_2															
10						20~24	20~30								20~23	20~29
11						20~22	25~29	31~37						20~21	24~27	30~35
12					23~26	30~34	38~44							22~25	28~33	36~41
13				20~22	27~31	35~41	45~53						20~21	26~30	34~39	42~49
14				23~27	32~38	42~50	54~64						22~25	31~36	40~46	50~58
15				28~33	39~47	51~62	65~78						26~31	37~43	47~56	59~70
16			20~25	34~41	48~58	63~77	79~97					20~23	32~38	44~52	57~69	71~86
17			26~32	42~52	59~75	78~98	97~100					24~29	39~47	53~65	70~86	87~100
18			33~43	53~70	76~100	99~100						30~38	48~60	66~84	87~100	
19				44~62	71~100							39~51	61~81	85~100		
20			22~38	63~100							20~30	52~74	82~100			
21		39~100									31~55	75~100				
22		≥89									56~100					
23	≥98	40~88								≥56						
24	65~97	32~39							≥87	34~55						
25	52~64	29~31							61~86	29~33						
26	45~51	28							49~60	28						
27	41~44								43~48							
28	39~40								40~42							
29	37~38								37~39							
30	36								36							
31	35								35							
32	34								34							

注：与表 4-2 注解相同。

2. 径向切入顶切

加工内齿轮时，插齿刀在逐渐切入毛坯的同时，它与齿轮还有展成运动。假设插齿刀的刀尖到中心线的距离为y_0，内齿轮齿顶到中心线的距离为y_2，如图 4-3 所示，则不会产生径向切入顶切现象的条件为：

$$(y_2 - y_0)_{min} \geq 0 \text{ 或 } y_2 > y_0 \tag{4-9}$$

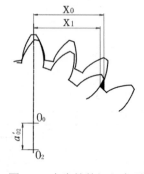

图 4-3　内齿轮的切入齿顶

径向切入顶切与齿数差$(z_2 - z_0)$有关，差值越小越容易产生径向切入顶切。如果减少插齿刀的齿数或增加内齿轮的变位系数，可以避免这类顶切现象。

如表 4-4 所示给出了不同插齿刀切制内齿轮时，不产生径向切入顶切现象的内齿轮的最少齿数z_{2min}。

4.2.2 内啮合传动中的轮齿干涉

一对内啮合齿轮传动，可能产生以下两类干涉现象。

1. 过渡曲线干涉

一对内啮合齿轮传动如果一个齿轮的齿顶与另一个齿轮的齿根的非渐开线部分接触，则产生过渡曲线干涉。设一对内啮合齿轮z_1、z_2，齿廓上过渡曲线起始点为c_1、c_2，这对齿轮齿顶圆与啮合线的交点为B_1、B_2，如图 4-4 所示。为了避免内齿轮发生过渡曲线干涉，则应使过渡曲线的起始点c_2的压力角α_{c2}大于或等于齿廓工作部分终止点B_1的压力角α_{B1}；为避免小齿轮过渡曲线干涉，则应该使小齿轮齿廓工作部分起始点的压力角α_{B2}大于或等于齿廓过渡曲线起始点的压力角α_{C1}，即避免过渡曲线干涉的条件为：

$$\alpha_{B2} \geqslant \alpha_{C1}, \quad \alpha_{C2} \geqslant \alpha_{B1} \qquad (4-10)$$

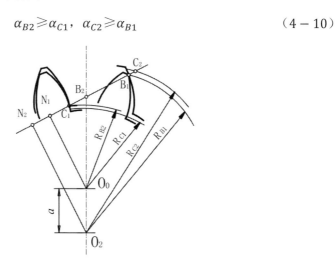

图 4-4　内啮合齿轮过渡曲线干涉

表 4-4　新直插齿刀的基本参数与被加工内齿轮不产生径向切入顶切的最少齿数 z_{2min}

插齿刀型式	插齿刀分度圆直径 d_0/mm	模数 m/mm	插齿刀齿数 z_0	插齿刀变位系数 x_0	插齿刀齿顶圆直径 d_{a0}/mm	插齿刀齿高系数 h_{a0}^*	x_2								
							0	0.2	0.4	0.6	0.8	1	1.2	1.5	2
							z_{2min}								
盘形直齿插齿刀	76	1	76	0.630	79.76	1.25	115	107	101	96	91	87	84	81	79
	75	1.25	60	0.582	79.58		96	89	83	78	74	70	67	65	62
	75	1.5	50	0.503	80.26		83	76	71	66	62	59	57	54	52
	75.25	1.75	43	0.464	81.24		74	68	62	58	54	51	49	47	45
	76	2	38	0.420	82.68		68	61	56	52	49	46	44	42	40
	76.5	2.25	34	0.261	83.30		59	54	49	45	43	40	39	37	36
碗形直齿插齿刀	75	2.5	30	0.230	82.41	1.3	54	49	44	41	38	34	34	33	31
	77	2.75	28	0.224	85.37		52	47	42	39	36	34	33	31	30
	75	3	25	0.167	83.81		48	43	38	35	33	31	29	28	26
	78	3.25	24	0.149	87.42		46	41	37	34	31	29	28	27	25
	77	3.5	22	0.126	86.98		44	39	35	31	29	27	26	25	23
盘形直齿插齿刀	75	3.75	20	0.105	85.55	1.3	41	36	32	29	27	25	24	22	21
	76	4	19	0.105	87.24		40	35	31	28	26	24	23	21	20
	76.5	4.25	18	0.107	88.46		39	34	30	27	25	23	22	20	19
	76.5	4.5	17	0.104	89.15		38	33	29	26	25	22	21	19	18
盘形直齿插齿刀	100	1	100	1.060	104.60	1.25	156	147	139	132	125	118	114	110	105
	100	1.25	80	0.842	105.22		126	118	111	105	99	94	91	87	83
	102	1.5	68	0.736	107.96		110	102	95	89	86	80	77	74	71
	101.5	1.75	58	0.661	108.19		96	89	83	77	73	69	66	63	61
	100	2	50	0.578	107.31		85	78	72	67	63	60	57	55	52
	101.25	2.25	45	0.528	109.29		78	71	66	61	57	54	52	49	47
	100	2.5	40	0.442	108.46		70	64	59	54	51	48	46	44	42
碗形直齿插齿刀	99	2.75	36	0.401	108.36	1.3	65	58	53	49	47	44	42	40	38
	102	3	34	0.337	11.28		60	54	50	46	44	41	39	37	35
	100.75	3.25	31	0.275	110.99		56	50	46	42	40	37	36	34	33
	98	3.5	28	0.231	108.72		54	46	43	39	37	34	33	31	30
	101.25	3.75	27	0.180	112.34		49	44	40	37	35	33	31	30	28
	100	4	25	0.168	111.74		47	42	38	35	33	31	29	28	26
	99	4.5	22	0.105	111.65		42	38	34	31	29	27	26	23	23
	100	5	20	0.105	114.05		40	36	32	29	27	25	24	22	21
	104.5	5.5	19	0.105	119.96		39	35	31	28	26	24	23	21	20
	102	6	17	0.105	118.86		37	33	29	26	24	22	21	20	18
	104	6.5	16	0.105	122.27		36	32	28	25	23	21	20	18	17
锥柄直齿插齿刀	25	1.25	20	0.106	28.39	1.25	40	35	30	29	26	25	24	22	21
	27	1.5	18	0.103	31.06		38	33	30	27	24	23	22	20	19
	26.25	1.75	15	0.104	30.99		35	30	26	23	21	20	19	17	16
	26	2	13	0.085	31.34		35	28	24	21	19	17	15	14	14
	27	2.25	12	0.083	33.00		32	27	23	20	18	16	15	14	13
	25	2.5	10	0.042	31.46		30	25	21	18	16	14	14	12	11
	27.5	2.75	10	0.037	34.58		30	25	21	18	16	14	14	12	11

注：表中的数值是按新插齿刀与内齿轮齿顶圆直径 $d_{a2} = d_2 - 2m(h_a^* - x_2)$ 计算得到。如果用旧插齿刀或内齿轮齿顶圆直径加大 $\Delta d_a = \dfrac{15.1}{z_2}m$ 时，表中的数值更安全。

由上述条件可得，避免内齿轮根部过渡曲线干涉的验算公式为：

$$z_1\tan\alpha_{a1} + (z_2 - z_1)\tan\alpha' \leqslant z_{02}\tan\alpha_{a02} + (z_2 - z_{02})\tan\alpha_{02}' \quad (4-11)$$

避免小齿轮根部过渡曲线干涉的验算公式为:

(1) 当小齿轮是用插齿刀加工时:

$$(z_1 + z_{01})\tan\alpha'_{01} - z_{01}\tan\alpha_{a01} \leqslant z_2\tan\alpha_{a2} - (z_2 - z_1)\tan\alpha' \quad (4-12)$$

(2) 当小齿轮是用齿条刀具加工时:

$$z_1\tan\alpha - \frac{4(h_a^* - x_1)}{\sin2\alpha} \leqslant z_2\tan\alpha_{a2} - (z_2 - z_1)\tan\alpha' \quad (4-13)$$

式中 α'_{01}、α'_{02} 为加工齿轮 1 和齿轮 2 时的啮合角;α_{a01}、α_{a02} 为加工齿轮 1 和齿轮 2 时插齿刀的齿顶圆压力角;z_{01}、z_{02} 为加工齿轮 1 和齿轮 2 时的插齿刀齿数。

对小齿轮:过渡曲线干涉的可能性随小齿轮齿数 z_1 的增多而增大。为避免小齿轮过渡曲线干涉,可以增大内齿轮的齿顶圆半径。

对内齿轮:当 z_1 和 z_2 一定时,插齿刀齿数 z_0 越少,越容易产生过渡曲线干涉;当 z_0 和 z_2 一定时,z_1 越小越不容易产生过渡曲线干涉。

2. 齿廓重叠干涉

一对内啮合齿轮传动,如果两个齿轮的齿数差($z_2 - z_1$)较小时,可能产生不在啮合区域的齿廓发生相互重叠的现象,即产生齿廓重叠干涉。

假设两个齿轮的齿顶圆相交于 L_1 点,当两个齿轮的齿顶转到 L_1 点后,轮齿应完全脱离啮合。如当齿轮 1 的齿顶到达 L_1 点时,齿轮 2 的齿顶已经到达 L_2 点,这时两齿轮不会产生干涉,如图 4-5 所示;反之,齿轮 1 的齿顶到达 L_1 点,而齿轮 2 的齿顶上的 L_2 点尚未到达 L_1 点,则两条渐开线将相交产生齿廓重叠干涉。

不产生齿廓重叠干涉的条件是:

$$\angle L_1 O_2 P \leqslant \angle L_2 O_2 P \quad (4-14)$$

自上述条件可以得到不产生齿廓重叠干涉的验算公式为:

$$[z_1(\delta_1 + inv\alpha_{a1}) - z_2(\delta_2 + inv\alpha_{a2}) + inv\alpha'(z_2 - z_1)] \geqslant 0 \quad (4-15)$$

式中 α_{a1}、α_{a2} 为齿轮 1、齿轮 2 的齿顶压力角,α' 为啮合角。

根据余弦定理可以求得δ_1、δ_2为：

$$\cos\delta_1 = \frac{r_{a2}^2 - r_{a1}^2 - a'^2}{2r_{a1}a'}$$

$$\cos\delta_2 = \frac{r_{a2}^2 - r_{a1}^2 + a'^2}{2r_{a2}a'}$$

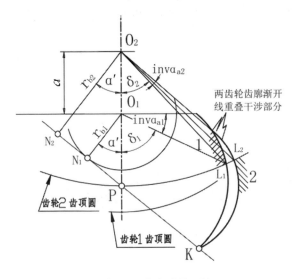

图 4-5　齿廓重叠干涉

当两个齿轮的齿数差$(z_2 - z_1)$越小时，产生齿廓重量干涉的可能性越大，对 $\alpha = 20°$、$h_a^* = 1$的标准内啮合齿轮传动，当$(z_2 - z_1)$大于表 4-5 中的$(z_2 - z_1)_{min}$时，不会产生重叠干涉。如$(z_2 - z_1)_{min} > (z_2 - z_1)$的内啮合齿轮传动，为避免重叠干涉，则可以增大内齿轮的变位系数x_2，并选取适当的变位系数差$(x_2 - x_1)$，使齿轮传动的啮合角α'增大，$(z_2 - z_1)$越小时要求其啮合角α'越大。

表 4-5　不产生重叠干涉的条件

z_2	34~77	78~200
$(z_2 - z_1)_{min}$ 当$d_{a2} = d_2 - 2m_n$时	9	8
z_2	34~77	78~200
$(z_2 - z_1)_{min}$ 当$d_{a2} = d_2 - 2m_n + \dfrac{15.1m_n}{z_2}\cos^3\beta$时	9	8

4.3 内啮合变位齿轮的特点

内啮合齿轮采用变位，可以避免内啮合齿轮的顶切与干涉。

通常内齿轮是用插齿刀加工的，如改变插齿刀与内齿轮的相对位置，便能够加工出变位内齿轮。用刀磨至原始截面 $x_0 = 0$ 的插齿刀切内齿轮，当插齿刀向外移动使加工中心距 a'_{02} 大于标准加工中心距 $a_{02} = r_2 - r_1$ 时，称为正变位，其变位系数为正值，即 $x_2 > 0$；反之，使加工中心距小于标准加工中心距时，称为负变位，其变位系数为负值，即 $x_2 < 0$。为便于分析计算，引用假想标准齿条刀具的概念，把内齿轮齿槽看成外齿轮的轮齿，如图 4-6 所示。这个外齿轮用假想标准齿条刀具加工，当假想标准齿条刀具中线与内齿轮分度圆离开一段距离，使中心距变大，这时的变位系数就作为内齿轮的变位系数 x_2，但此变位系数并不代表用插齿刀加工内齿轮时的实际变位量，而只是借用外齿轮的相应公式来计算内齿轮的几何参数以及大部分尺寸。

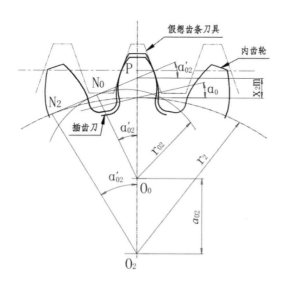

图 4-6 变位内齿轮形成原理

当变位系数$x_2 > 0$即正变位时，假想齿条刀具上的一条直线与内齿轮的分度圆作纯滚动，这条直线是齿条刀具的节线，刀具节线上的齿槽宽减小，因此加工出的内齿轮的分度圆齿厚减少；反之，当变位系数$x_2 < 0$即负变位时，内齿轮的分度圆齿厚增加。因此，变位内齿轮的分度圆齿厚为：

$$s_2 = \frac{\pi m}{2} - 2x_2 m \tan\alpha \qquad (4-16)$$

内齿轮的齿根高以及齿根圆直径是由插齿刀加工时的中心距a'_{02}决定的。

内啮合齿轮变位传动同样有高度变位及角度变位之分。高度变位传动中，$x_1 = x_2 \neq 0$，内齿轮分度圆上的齿槽宽等于外齿轮分度圆上的齿厚。两个齿轮的节圆与分度圆重合，两个齿轮中心距等于标准中心距，即$a = \frac{m}{2}(z_2 - z_1)$，啮合角等于分度圆压力角，即$\alpha' = \alpha$。角度变位传动可以分为正传动和负传动，正传动中内齿轮的变位系数大于外齿轮的变位系数，即$x_2 - x_1 > 0$，两个齿轮节圆与分度圆不重合，两轮中心距大于标准中心距，即$a' > \alpha$，啮合角大于分度圆压力角，即$\alpha' > \alpha$。负传动中内齿轮的变位系数小于外齿轮的变位系数，即$x_2 - x_1 < 0$，两个齿轮节圆与分度圆不重合，两轮中心距小于标准中心距，即$a' < \alpha$，啮合角小于分度圆压力角，即$\alpha' < \alpha$。

在 K-H-V 型行星传动中大多采用正传动角度变位传动。

与外齿轮一样，变位系数不同而其他参数相同的内齿轮，它们的分度圆和基圆不变，它们的齿廓曲线也是同一个基圆的渐开线的不同段。

正变位时齿根圆增大，齿顶圆也作相应的增大，齿顶圆齿厚减小，齿根圆齿厚加大；负变位时则相反。

4.4　内啮合圆柱齿轮变位系数的选择原则

内啮合齿轮选择变位系数时，主要考虑以下因素：

4.4.1 变位对内啮合齿轮强度的影响

采用$(x_2 - x_1) > 0$的内啮合齿轮传动，能够提高齿面接触强度，但由于内啮合是凸齿面与凹齿面接触，接触强度已经较高，因此，提高内啮合齿轮承载能力的主要障碍通常不是接触强度不够。

对内齿轮进行变位，可以提高其弯曲强度，但内齿轮的弯曲强度不仅与其齿数z_2和变位系数x_2有关系，还与插齿刀齿数z_0有关系。当插齿刀齿数$z_0 > 18$时，变位系数x_2越大，轮齿的弯曲强度越低，此时宜采用负变位或小的正变位；当插齿刀齿数$z_0 < 18$时，变位系数越大，轮齿的弯曲强度就越高，此时宜采用正变位。由表 4-1 可知，加工标准内齿轮时，插齿刀齿数z_0不能少于 18，若要用$z_0 < 18$的插齿刀加工内齿轮以提高其弯曲强度，必须增大内齿轮的变位系数x_2才能够避免展成顶切现象。

4.4.2 变位对重合度、顶切以及两种干涉的影响

由于内啮合齿轮的变位并不能像外啮合齿轮那样显著地提高强度，因此，内啮合齿轮变位的目的，多是避免加工时的顶切或啮合时的齿廓干涉。

正变位内齿轮可以避免径向切入顶切与展成顶切，采用$(x_2 - x_1) > 0$的正传动内啮合，可以避免重叠干涉和过渡曲线干涉，但重合度将减小。

为了综合地考虑内啮合传动的各种限制条件，设计时可以按照前述加工内齿轮时顶切的限制条件和啮合时干涉的限制条件，初步选择变位系数，然后验算啮合时的重叠干涉、过渡曲线干涉以及重合度ε。

4.5 内啮合变位齿轮计算

与外啮合变位齿轮传动相同，由于两个变位齿轮分度圆齿厚随着变位系数的

不同而改变，它们组成无齿侧间隙啮合时，两个分度圆不一定相切，中心距也不一定与标准中心距相等，啮合角也不一定与标准啮合角相等。

4.5.1 无齿侧间隙啮合方程式和中心距变动系数

内啮合无齿侧间隙时必须使$p' = e_1' + e_2' = s_1' + s_2'$，把变位外齿轮和变位内齿轮的节圆齿厚代入并整理得到内啮合时的无齿侧间隙方程式：

$$inv\alpha' = inv\alpha + \frac{2(x_2 - x_1)}{z_2 - z_1}\tan\alpha \qquad (4-17)$$

如图 4-7 所示，内啮合变位齿轮传动的中心距为：

$$a' = r_2' - r_1' = (r_2 - r_1)\frac{\cos\alpha}{\cos\alpha'} = \frac{m}{2}(z_2 - z_1)\frac{\cos\alpha}{\cos\alpha'} \qquad (4-18)$$

中心距变动系数为：

$$y = \frac{a' - a}{m} = \frac{z_2 - z_1}{2}\left(\frac{\cos\alpha}{\cos\alpha'} - 1\right) \qquad (4-19)$$

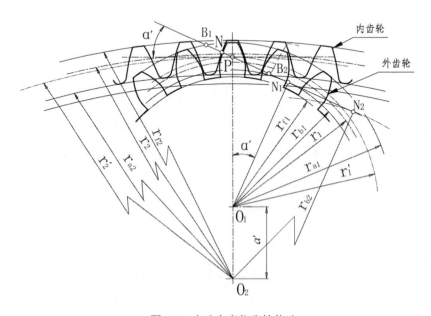

图 4-7 内啮合变位齿轮传动

4.5.2 齿根圆直径

齿轮的根圆直径是在加工时由刀具决定的，如果外齿轮用齿条刀具加工，它的齿根圆直径与外啮合时一样，根据公式（3-5）计算。内齿轮通常用插齿刀加工，所以齿根圆直径如图 4-8 所示。

$$d_{f2} = d_{a02} + 2a'_{02} \qquad （4-20）$$

式中 a'_{02} 为插齿刀加工内齿轮时的中心距，且

$$a'_{02} = \frac{m}{2}(z_2 - z_{02})\frac{\cos\alpha}{\cos\alpha'_{02}} \qquad （4-21）$$

d_{a02} 为插齿刀的外径，新插齿刀可以由手册查出，旧插齿刀可以直接测量；α'_{02} 为插齿刀加工内齿轮时的啮合角。其渐开线函数为：

$$inv\alpha'_{02} = inv\alpha + \frac{2(x_2 - x_{02})}{z_2 - z_{02}}\tan\alpha$$

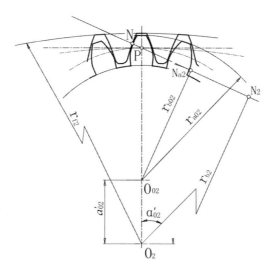

图 4-8　用插齿刀加工内齿轮时根圆直径的决定

x_{02} 为插齿刀的变位系数，新插齿刀可以由手册查出，旧插齿刀可以测出 d_{a02}

后由下列公式计算:

$$x_{02} = \frac{1}{2}\left(\frac{d_{a02}}{m} - z_{02} - 2h_{a02}^*\right) \qquad (4-22)$$

z_{02}、h_{a02} 分别为插齿刀齿数与齿顶高系数,均可以由手册查得。

4.5.3 齿顶圆直径

如图 4-7 所示,当齿顶间隙为标准值 c^*m 时,两个齿轮的齿顶圆直径为:

$$d_{a1} = d_{f2} - 2a' - 2c^*m \qquad (4-23)$$

$$d_{a2} = d_{f1} + 2a' + 2c^*m \qquad (4-24)$$

4.5.4 滑动率与重合度

1. 滑动率

按第一章 1.3 节所述的原理和公式推导出内啮合齿轮传动的齿根最大滑动率为:

$$\begin{cases} \beth_{1max} = \dfrac{\overline{PC_2}}{\overline{C_2N_1}}\left(\dfrac{i_{21}-1}{i_{21}}\right) \\ \beth_{2max} = \dfrac{\overline{PC_1}}{\overline{C_1N_2}}\left(\dfrac{i_{21}-1}{i_{21}}\right) \end{cases} \qquad (4-25)$$

由式(4-25)、图 4-7 与图 2-7 可知,在相同参数条件下,内齿轮的齿根滑动率比外齿轮小得多。

2. 重合度

按第二章 2.3 节所述的原理与公式,可以推导出计算内啮合齿轮传动的重合度的理论公式为:

$$\varepsilon = \varepsilon_a = \frac{1}{2\pi}[z_1(\tan\alpha_{a1} - \tan\alpha') - z_2(\tan\alpha_{a2} - \tan\alpha')] \qquad (4-26)$$

式中符号代表的含义与外啮合齿轮传动相同。当 z_1、z_2、α' 与 h_a 相同时,内啮合齿轮传动的实际啮合线段比外啮合齿轮传动的略大,因此重合度比外啮合齿轮传动略微加大。

第五章 斜齿渐开线圆柱齿轮传动

5.1 斜齿轮齿面的形成以及啮合特点

如图 5-1 所示，直齿轮的齿面是平面 P 上任意一条与基圆柱母线 N 平行的直线 L 所展成的渐开线曲面，上面任意一点的轨迹均为渐开线，即直齿轮在垂直于齿轮轴线的任意平面上的齿形均相同，齿廓曲线为渐开线，从齿轮的整个宽度上看，其齿廓曲面为渐开面。

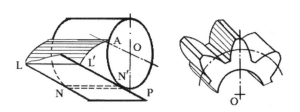

图 5-1　直齿轮齿面形成和齿面接触线

斜齿圆柱齿轮是发生面在基圆柱上作纯滚动时，平面 P 上的直线 LL' 不与基圆柱母线 NN' 平行，而是成一角度 β_b。当 P 平面在基圆柱上作纯滚动时，斜直线的轨迹形成斜齿轮的齿廓曲面，与基圆柱母线的夹角称为基圆柱上的螺旋角。如图 5-2 所示，斜齿圆柱齿轮啮合时，其接触线都是平行于斜直线 LL' 的直线，因为齿的高度是一定的，故在两个齿廓啮合的过程中，接触线的长度由 0 逐渐增长，从某一位置后又逐渐缩短直至脱离啮合，即斜齿轮进入和脱离接触都是逐渐进行的。因此其传动平稳，噪音小。另外，由于斜齿轮的轮齿是倾斜的，同时啮合的轮齿对数比直齿轮多，因此重合度比直齿轮大。

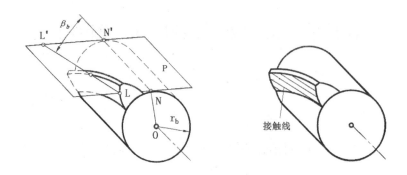

图 5-2　斜齿轮齿面形成和齿面接触线

5.2　斜齿圆柱齿轮的基本参数

由于斜齿轮齿面与轴线不平行，所以在不同方向的截面上，其轮齿的齿形各不相同。因而，斜齿轮的每一个基本参数都可以分为在垂直于轮齿方向的截面内定义的法面参数、在垂直于齿轮回转轴线的截面内定义的端面参数和在通过齿轮回转轴线的截面内定义的轴面参数，这些截面中的参数，我们分别用下标 n、t 和 x 来区分。由于在加工斜齿轮时，刀具通常是沿着螺旋线方向进刀的，所以斜齿轮的法面参数应该是与刀具参数相同的标准值，但是由于斜齿轮的法向和轴向截面均不是圆形，只有在端面上才是圆形，所以斜齿轮的大部分几何尺寸，均须按端面参数进行计算，因此必须建立法面参数与端面参数之间的换算关系。此外，斜齿轮的基本参数比直齿轮多了个螺旋角，现分别叙述如下：

5.2.1　螺旋角

把斜齿轮的分度圆柱面展开成一个长方形，如图 5-3（a）所示，其中剖面线部分表示轮齿被分度圆柱面所截的断面，空白部分表示齿间。假设斜齿轮的齿宽

为 b，分度圆周长为 πd，分度圆柱面与轮齿齿面相贯所得的螺旋线，将分度圆柱面展成平面后，便成为一条斜直线，它与轴线的夹角 β 就是斜齿轮分度圆柱面上的螺旋角，简称斜齿轮的螺旋角。我们通常用螺旋角 β，而不是 β_b 来表示斜齿轮轮齿的倾斜程度，而将螺旋角的余角 λ 称为螺旋升角，它实际上是螺旋线与齿轮端面之间的夹角。

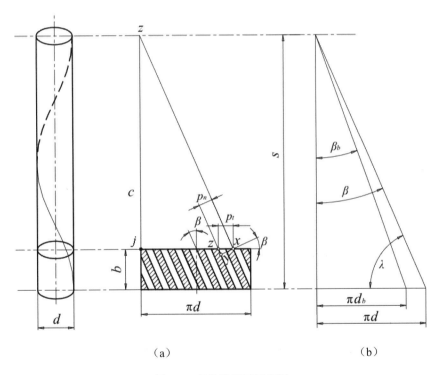

（a）　　　　　　　　　　　　　（b）

图 5-3　斜齿轮展开原理图

设螺旋线的导程为 s，则有：

$$\tan\beta = \frac{\pi d}{s}$$

对于同一个斜齿轮，任一圆柱面上螺旋线的导程都相同，但是由于不同圆柱面的直径不同，所以各圆柱面上的螺旋角也不相等。基圆柱面上的螺旋角 β_b 可以由图 5-3（b）求出：

$$\tan\beta_b = \frac{\pi d_b}{s}$$

将上述二式相乘，将$d_b = d\cos\alpha_t$代入可得：

$$\frac{\tan\beta_b}{\tan\beta} = \frac{d_b}{d} = \cos\alpha_t$$

式中α_t为斜齿轮的端面压力角。因此，斜齿轮的螺旋角β与基圆柱面上的螺旋角β_b之间的关系为：

$$\tan\beta_b = \tan\beta\cos\alpha_t \qquad\qquad (5-1)$$

按轮齿螺旋线的旋向不同，斜齿轮分为右旋和左旋两种，判别的方法是：将齿轮的轴线垂直于水平面，在齿轮的侧面看，若齿轮螺旋线左边高即为左旋，齿轮螺旋线右边高即为右旋。如图 5-4（a）所示为右旋，图 5-4（b）所示为左旋。

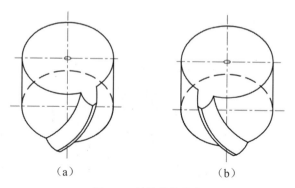

（a）　　　　　　　　　　　（b）

图 5-4　斜齿轮的旋向

5.2.2　周节与模数

从图 5-3（a）中的直角三角形Δxjz可得：

$$p_n = p_t\cos\beta \qquad\qquad (5-2)$$

其中p_n是法面周节，p_t是端面周节，由于

$$p_n = \pi m_n, \quad p_t = \pi m_t$$

其中m_n为法面模数，即标准值，m_t为端面模数，它不是标准值，因此得到：

$$m_n = m_t \cos\beta \qquad\qquad (5-3)$$

5.2.3 压力角

一个斜齿轮和一个斜齿条相啮合时，它们的法面压力角α_n和端面压力角α_t均应分别相等，因此，我们可以借助简单的斜齿条齿廓来导出斜齿轮的法面压力角α_n和端面压力角α_t之间的关系。如图 5-5 所示的斜齿条中，平面abd为端面，平面ace为法面。

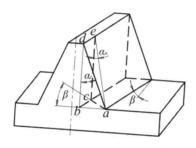

图 5-5　斜齿轮的各压力角

其中：

$$\angle adb = \alpha_t$$

$$\angle aec = \alpha_n$$

$$\angle acb = 90°$$

$$\angle bac = \beta$$

Δabd、Δace、Δacb均为直角三角形，在直角三角形Δace中：

$$\tan\alpha_n = \frac{ac}{ce}$$

在直角三角形Δabd中：

$$\tan\alpha_t = \frac{ab}{bd}$$

因此：

$$\frac{\tan\alpha_n}{\tan\alpha_t} = \frac{\dfrac{ac}{ce}}{\dfrac{ab}{bd}}$$

由于 Δabd 与 Δace 的高相等，即 $ce = bd$，而在 Δacb 中：

$$\frac{ac}{ab} = \cos\beta$$

因此：

$$\frac{\tan\alpha_n}{\tan\alpha_t} = \cos\beta$$

或

$$\tan\alpha_n = \tan\alpha_t\cos\beta \qquad (5-4)$$

5.2.4　齿顶高系数和径向间隙系数

斜齿轮的齿顶高和齿根高，不论从端面还是从法面来看均相等，即

$$h_a = h_{an}^* m_n = h_{at}^* m_t \qquad (5-5)$$

$$h_f = (h_{an}^* + c_n^*)m_n = (h_{at}^* + c_t^*)m_t \qquad (5-6)$$

其中 h_{at}^*、h_{an}^* 分别为端面和法面的齿顶高系数，c_n^*、c_t^* 分别为法面和端面的径向间隙系数。

将式（5-3）代入上述二式可得：

$$\begin{cases} h_{an}^* = \dfrac{h_{at}^*}{\cos\beta} \\ c_n^* = \dfrac{c_t^*}{\cos\beta} \end{cases} \qquad (5-7)$$

式（5-2）至式（5-7）为斜齿圆柱齿轮的法面参数与端面参数之间的换算关系。由于 $\cos\beta < 1$，可知 $p_t > p_n$、$m_t > m_n$、$a_t > a_n$，其中 m_n、p_n、a_n、a_{an}^* 与 c_n^* 均为标准值。

5.2.5　其他几何尺寸

斜齿轮的分度圆直径 d 是按端面参数计算的，即

$$d = m_t z = \frac{m_n}{\cos\beta} z \qquad (5-8)$$

斜齿圆柱齿轮机构的标准中心距a为：

$$a = \frac{1}{2}(d_1 + d_2) = \frac{m_t}{2}(z_1 + z_2) = \frac{m_n}{2\cos\beta}(z_1 + z_2) \qquad (5-9)$$

由上式可知，当z_1、z_2一定，m_n为标准值时，中心距a随着β改变而改变，而β值是可以任意选择的，因此，可以用改变螺旋角的方法来配凑中心距，而不一定非要用变位的方法，这一特点是直齿轮所没有的。

标准斜齿圆柱齿轮不产生根切的最少齿数$z_{\min}$，也可以按端面参数求出：

$$z_{\min} = \frac{2h_{at}^*}{\sin^2 a_t} = \frac{2h_{an}^* \cos\beta}{\sin^2 a_t}$$

由于$\cos\beta < 1$，$a_t > a_n$，所以斜齿轮的最少齿数比直齿轮的要少，因而在齿数和模数均相同的情况下，斜齿轮的齿数可以取得更小些，因此机构的尺寸要比直齿轮传动要小。

标准斜齿圆柱齿轮机构的几何尺寸计算公式如表 5-1 所示，这时表中的变位系数$x_{t1} = x_{t2} = 0$。

5.2.6 斜齿圆柱齿轮的正确啮合条件

要使一对斜齿轮能够正确啮合，除了与直齿轮那样必须保证模数和压力角均分别相等外，还需要考虑到螺旋角相匹配的问题。因此，一对斜齿圆柱齿轮的正确啮合条件为：

（1）两轮啮合处的轮齿倾斜方向应当一致，即其螺旋线应相切，这就必须使两个齿轮螺旋角的大小相等，这称为合槽条件。

对于外啮合的斜齿轮，螺旋线的方向应相反，即$\beta_1 = -\beta_2$；对于内啮合的斜齿轮，螺旋线的方向应相同，即$\beta_1 = \beta_2$。

（2）两轮分度圆柱上的法面模数和法面压力角应分别相等，考虑到合槽条件及公式（5-3）和公式（5-4），可知其端面模数和端面压力角也分别相等。

综上所述，斜齿圆柱齿轮的正确啮合条件可用下式表达：

$$\beta_1 = -\beta_2 \text{（外啮合）}, \quad \beta_1 = \beta_2 \text{（内啮合）} \qquad (5-10)$$

$$m_{n1} = m_{n2} = m_n \text{ 或 } m_{t1} = m_{t2} = m_t \qquad (5-11)$$

$$a_{n1} = a_{n2} = a_n \text{ 或 } a_{t1} = a_{t2} = a_t \qquad (5-12)$$

5.3 斜齿圆柱齿轮传动的重迭系数和当量齿数

5.3.1 斜齿圆柱齿轮传动的重迭系数

为了便于研究斜齿轮机构连续传动的条件并导出其重迭系数的计算公式，我们把端面参数相同的直齿轮与斜齿轮加以比较。

如图 5-6 所示为端面参数与直齿轮相同的斜齿轮的基圆柱面展开图，当某一轮齿到达位置 1 时，从点 c 开始逐渐进入啮合，直到到达位置 2 时该轮齿才完全进入啮合，当轮齿到达位置 3 时，从 d 点开始逐渐退出啮合，直到到达位置 4 时该轮齿才完全退出啮合。显然，整个啮合区内该轮齿在基圆柱面上所走过的长度为 $(L + \Delta L)$，即比直齿轮多转过一段弧长 $\Delta L = b\tan\beta_b = b\tan\beta\cos a_t$。

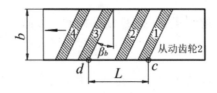

图 5-6 齿轮的展开图

根据定义，斜齿圆柱齿轮传动的重迭系数为：

$$\varepsilon = \frac{L + \Delta L}{p_{bt}} = \varepsilon_t + \frac{b\tan\beta\cos a_t}{\pi m_t \cos a_t} = \varepsilon_t + \frac{b\tan\beta}{\pi m_t}$$

令

$$\Delta\varepsilon = \frac{b\tan\beta}{\pi m_t} = \frac{b\sin\beta}{\pi m_n} \qquad (5-13)$$

则

$$\varepsilon = \varepsilon_t + \Delta\varepsilon \qquad (5-14)$$

即斜齿圆柱齿轮传动的重迭系数由两部分组成，其中ε_t称为端面重迭系数，可以根据公式（2-25）代入端面参数求出：

$$\varepsilon_t = \frac{1}{2\pi}[z_1(\tan\alpha_{at1} - \tan\alpha_t') + z_2(\tan\alpha_{at2} - \tan\alpha_t')] \qquad (5-15)$$

而重迭系数的增量$\Delta\varepsilon$则可以由式（5-13）求出。

显然，由于多出了一项$\Delta\varepsilon$，使得斜齿轮传动的重迭系数比直齿轮传动的重迭系数要大，而且当齿宽或螺旋角β取得较大时，重迭系数ε也随之增大，所以它的传动平稳性和承载能力都较高，适用于高速重载的传动。

5.3.2 斜齿圆柱齿轮的当量齿数

斜齿轮通常也是用范成法或仿形法加工出来的，用齿轮滚刀加工斜齿轮时所用的刀具和机床与加工直齿轮的相同，由于斜齿轮的法面齿形与端面齿形不相同，而在用圆盘铣刀或指状铣刀加工斜齿轮时，刀具是沿螺旋形齿间的方向进刀的，因此，刀具的截面形状应该与被加工齿轮的法面齿形相同或相近，即在一般情况下应按斜齿轮的法面齿形来选择标准的成型铣刀。因此，就不仅需要求出斜齿轮的法面模数和法面压力角作为选择相应的成型铣刀的依据，而且要根据法面齿形所相应的齿数来选择相应的铣刀刀号。以下讨论斜齿轮的法面齿形和斜齿轮的当量齿数问题。

将如图 5-7 所示的实际齿数为z的斜齿轮分度圆柱，用垂直于某一轮齿分度圆柱螺旋线方向的法向截面n-n剖开，得到一个椭圆剖面，在此剖面上的 P 点附近的齿形可以近似地看作为斜齿轮的法向齿形；而在椭圆上的其他位置，因为齿向与剖面n-n不垂直，所以其齿形与法面齿形不相同，从图 5-7 中可以看出，在同一剖面上，与点 P 相差 180°处的齿形与法面齿形差别很大。可以设想有这样的一个直齿圆柱齿轮：它的分度圆半径等于 P 点的曲率半径ρ，它的模数和压力角分别等于斜齿轮法面模数m_n和法面压力角α_n，则该直齿轮的齿形和斜齿轮的法面齿形相当。把这个虚拟的直齿圆柱齿轮称为该斜齿圆柱齿轮的当量齿轮，其齿数称为当量齿数，用z_v表示，其值$z_v = \dfrac{r}{\cos\beta}$。

从图 5-7 可知，当斜齿轮分度圆柱的半径为 r 时，椭圆的长半轴$a = \dfrac{r}{\cos\beta}$，短半轴$b = r$，由数学知识可以求出椭圆 P 点的曲率半径ρ为：

$$\rho = \frac{a^2}{b} = \left(\frac{r}{\cos\beta}\right)^2 \frac{1}{r} = \frac{r}{\cos^2\beta}$$

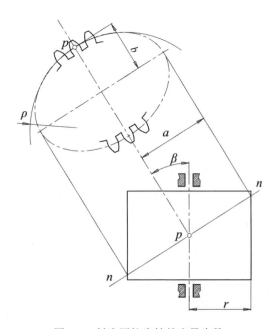

图 5-7　斜齿圆柱齿轮的当量齿数

则

$$z_v = \frac{2\rho}{m_n} = \frac{2r}{m_n \cos^2 \beta} = \frac{zm_t}{m_n \cos^2 \beta} = \frac{z}{\cos^3 \beta} \qquad (5-16)$$

因为 $\cos^3 \beta < 1$，所以 $z_v > z$，即斜齿轮的当量齿数大于其实际齿数。

按式（5-16）求出的当量齿数 z_v 往往不是整数，这时无需整为整数齿，只需按求得的数值查表 3-1 八把一套铣刀加工齿数的范围,确定应该选择的刀号即可,因此 z_v 常被称为选刀齿数。此外，在计算斜齿轮轮齿的弯曲疲劳强度和选取变位系数时，都要用到当量齿轮或当量齿数的概念。

5.4 斜齿圆柱齿轮的变位和几何尺寸计算

5.4.1 斜齿圆柱齿轮的变位和几何尺寸计算

为了避免根切配凑中心距或改善传动质量，也可以对斜齿圆柱齿轮进行变位。其变位原理与直齿轮一样，直齿变位齿轮所有的计算公式都可以用于斜齿变位齿轮，但要注意均应以端面参数代入。其几何尺寸的计算公式如表 5-1 所示，表中的变位系数 $x_{t1} = x_{t2} = 0$ 时，即为标准斜齿圆柱齿轮的计算公式。

表 5-1 外啮合变位斜齿圆柱齿轮的几何尺寸计算公式

序号	名称	符号	公式
1	螺旋角	β	$\beta_1 = -\beta_2$（一般 $\beta = 8° \sim 20°$）
2	端面模数	m_t	$m_t = m_n/\cos\beta$（m_n 为标准值）
3	端面分度圆压力角	α_t	$\tan\alpha_t = \tan\alpha_n/\cos\beta$（$\alpha_n = 20°$）
4	端面齿顶高系数	h_{at}^*	$h_{at}^* = h_{an}^*\cos\beta$（$h_{at}^* = h_{an}^* = 1$ 或 $h_{at}^* = h_{an}^* = 0.8$）
5	端面径向间隙系数	c_t^*	$c_t^* = c_n^*\cos\beta$（$c_t^* = c_n^* = 10.25$ 或 $c_t^* = c = 0.3$）
6	当量齿数	z_v	$z_{v1} = z_1\cos^3\beta$，$z_{v2} = z_2\cos^3\beta$
7	端面最少齿数	z_{tmin}	$z_{tmin} = \frac{2h_{at}^*}{\sin^2 a_t} = \frac{2h_{an}^*\cos\beta}{\sin^2 a_t}$
8	端面变位系数	x_t	$x_{t1} = x_{n1}\cos\beta$（x_{n1} 根据 z_{v1} 选取） $x_{t2} = x_{n2}\cos\beta$（x_{n2} 根据 z_{v2} 选取）

序号	名称	符号	公式
9	端面啮合角	α_t'	$inv\alpha_t = \dfrac{2(x_{t1}+x_{t2})}{z_1+z_2}\tan\alpha_t + inv\alpha_t$
10	分度圆直径	d	$d_1 = m_t z_1,\ d_2 = m_t z_2$
11	标准中心距	a	$a = \dfrac{d_1+d_2}{2} = \dfrac{m_n}{2\cos\beta}(z_1+z_2)$
12	实际中心距	a'	$a' = a\dfrac{\cos\alpha_t}{\cos\alpha_t'}$
13	无侧隙啮合时的分离系数	y_t	$y_t = \dfrac{a'-a}{m_t}$
14	齿顶降低系数	σ_t	$\sigma_t = x_{t1}+x_{t2}-y_t$
15	齿顶圆直径	d_a	$d_{a1} = m_t\left(z_1 + 2h_{at}^* + 2x_{t1} - \sigma_t\right)$ $d_{a2} = m_t\left(z_2 + 2h_{at}^* + 2x_{t2} - \sigma_t\right)$
16	齿根圆直径	d_f	$d_{f1} = m_t\left(z_1 - 2h_{at}^* - 2c_t^* + x_{t1}\right)$ $d_{f2} = m_t\left(z_2 - 2h_{at}^* - 2c_t^* + x_{t2}\right)$
17	基圆直径	d_b	$d_{b1} = d_1\cos\alpha_t,\ d_{b2} = d_2\cos\alpha_t$
18	节圆直径	d'	$d_1' = d_{b1}\cos\alpha_t',\ d_2' = d_{b2}\cos\alpha_t'$
19	端面齿顶圆压力角	α_{at}	$\alpha_{at1} = \cos^{-1}\dfrac{d_{b1}}{d_{a1}},\ \alpha_{at2} = \cos^{-1}\dfrac{d_{b2}}{d_{a2}}$
20	重迭系数	ε	$\varepsilon_t = \dfrac{1}{2\pi}\left[z_1(\tan\alpha_{at1} - \tan\alpha_t') + z_2(\tan\alpha_{at2} - \tan\alpha_t')\right] + \dfrac{b\tan\beta}{\pi m_t}$

注意，在设计斜齿变位齿轮时，通常是按当量齿数z_v利用直齿轮变位系数的封闭图来选择斜齿轮的变位系数，这样选出的是法面变位系数x_n。由于刀具的移动距离量不论从端面还是从法面看都是相等的，即$m_t x_t = m_n x_n$，所以斜齿变位齿轮的端面变位系数可以用下式求得：

$$x_t = x_n\cos\beta$$

5.4.2　标准斜齿圆柱齿轮及其公法线长度的计算与测量

斜齿轮的公法线长度应在法面里计算和测量，如图 5-8（a）所示，给出了一个斜齿轮的端面参数，如图 5-8（b）所示是它的基于圆柱面的展开图。

从图 5-8（b）中可以看出，法面上跨测 K 个齿的公法线长度W_{nk}与端面上跨测 K 个齿的公法线长度存在下述关系：

$$W_{nk} = W_{tk}\cos\beta_b \qquad (5-17)$$

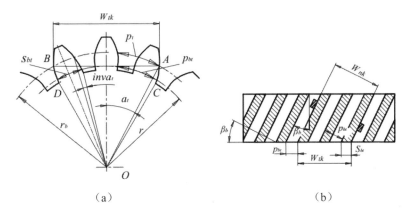

（a） （b）

图 5-8　斜齿轮的端面参数和基圆柱面的展开图

将斜齿轮相应的端面参数代入直齿轮的公法线长度计算公式，即可求得W_{tk}。对于标准斜齿轮，其端面公法线长度W_{tk}为：

$$W_{tk} = (k-1)p_{bt} + s_{bt} = m_t \cos\alpha_t[(k-0.5)\pi + zinv\alpha_t] \qquad （5-18）$$

式中k为跨测齿数，p_{bt}为基圆端面周节，s_{bt}为基圆端面齿厚，α_t为端面压力角。

参照公式（5-1）可以得到基圆柱上法面周节与端面周节的关系为：

$$p_{bn} = p_{bt}\cos\beta_b$$

考虑到基圆周节与分度圆周节的固定关系：$p_b = p\cos\alpha$，分别可得：

$$p_{bn} = p_n\cos\alpha_n \ , \quad p_{bt} = p_t\cos\alpha_t$$

则

$$p_{bt}\cos\beta_b = \frac{p_{bn}}{p_{bt}} = \frac{p_n\cos\alpha_n}{p_t\cos\alpha_t} = \frac{\cos\beta\cos\alpha_n}{\cos\alpha_t}$$

所以标准斜齿圆柱齿轮的法面公法线长度为：

$$W_{nk} = W_{tk}\cos\beta_b = m_t\cos\alpha_t\cos\beta = \frac{\cos\alpha_n}{\cos\alpha_t}[\pi(k-0.5) + zinv\alpha_t]$$

$$= m_n[\pi(k-0.5)\cos\alpha_n + zinv\alpha_t\cos\alpha_n] \qquad （5-19）$$

令

$$K_k = \pi(k - 0.5)\cos\alpha_n$$

$$K_a = inv\alpha_t \cos\alpha_n$$

则得

$$W_{nk} = m_n(K_k + zK_a) \qquad (5-20)$$

式中的系数K_k由表 5-2 查出，系数K_a由表 5-3 查出。而跨测齿数K则应按照当量齿数z_v计算得到。

表 5-2 $\alpha_n = 20°$时系数K_k的值

k	K_k	k	K_k	k	K_k	k	K_k	k	K_k
1	1.476066	7	19.188854	13	36.901643	19	54.614432	25	72.327220
2	4.428197	8	22.140986	14	39.853774	20	57.566563	26	75.279352
3	7.380329	9	25.093117	15	42.805906	21	60.518694	27	78.231483
4	10.332460	10	28.045249	16	45.758037	22	63.470826	28	81.183614
5	13.284591	11	30.997380	17	48.710169	23	66.422957	29	84.135746
6	16.236723	12	33.949511	18	51.662300	24	69.375089	30	87.087877

斜齿圆柱齿轮的公法线长度可以按图 5-8 所示的方法进行测量，但若齿轮宽度 b 过窄，W_{nk}值的测量将会遇到困难。如图 5-9（a）所示，当$b < W_{nk}\sin\beta_b \approx W_{nk}\sin\beta$ 时，单个斜齿轮的W_{nk}值无法测量，但是，如果把若干个这样的斜齿轮毛坯装在同一个夹具上一起加工，就可以在没有从夹具上取下加工好的斜齿轮之前测量出W_{nk}的值，如图 5-9（b）所示，若一次只加工一个这样的斜齿轮，则只能改为测量固定弦齿厚$\overline{s_c}$。

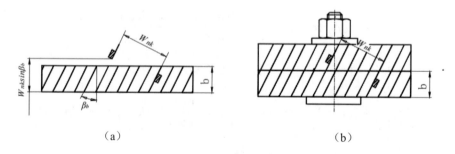

(a)   (b)

图 5-9　斜齿轮的端面参数和基圆柱面的展开图

表 5-3 $\alpha_n = 20°$时的系数K_n

β	度									
分	7^0	8^0	9^0	10^0	11^0	12^0	13^0	14^0	15^0	16^0
0	0.0143080	0.0144021	0.0145098	0.0146312	0.0147668	0.0149171	0.0150825	0.0152636	0.0154611	0.0156756
1	0.0143095	0.0144038	0.0145117	0.0146333	0.0147692	0.0149197	0.0150854	0.0152668	0.0154646	0.0156794
2	0.0143109	0.0144055	0.0145136	0.0146355	0.0147716	0.0149223	0.0150883	0.0152700	0.0154680	0.0156831
3	0.0143124	0.0144072	0.0145155	0.0146376	0.0147739	0.0149250	0.0150912	0.0152731	0.0154714	0.0156868
4	0.0143139	0.0144089	0.0145174	0.0146398	0.0147763	0.0149276	0.0150941	0.0152763	0.0154749	0.0156906
5	0.0143153	0.0144106	0.0145193	0.0146419	0.0147787	0.0149303	0.0150970	0.0152795	0.0154783	0.0156943
6	0.0143168	0.0144123	0.0145213	0.0146441	0.0147811	0.0149329	0.0150999	0.0152826	0.0154818	0.0156981
7	0.0143183	0.0144140	0.0145232	0.0146463	0.0147836	0.0149356	0.0151028	0.0152858	0.0154853	0.0157018
8	0.0143198	0.0144157	0.0145251	0.0146484	0.0147860	0.0149382	0.0151057	0.0152890	0.0154887	0.0157056
9	0.0143213	0.0144174	0.0145271	0.0146506	0.0147884	0.0149409	0.0151086	0.0152922	0.0154922	0.0157093
10	0.0143228	0.0144191	0.0145290	0.0146528	0.0147908	0.0149436	0.0151116	0.0152954	0.0154957	0.0157131
11	0.0143243	0.0144209	0.0145310	0.0146550	0.0147932	0.0149462	0.0151145	0.0152986	0.0154992	0.0157169
12	0.0143258	0.0144226	0.0145329	0.0146571	0.0147957	0.0149489	0.0151174	0.0153018	0.0155026	0.0157207
13	0.0143273	0.0144243	0.0145349	0.0146593	0.0147981	0.0149516	0.0151204	0.0153050	0.0155061	0.0157244
14	0.0143288	0.0144260	0.0145368	0.0146615	0.0148005	0.0149543	0.0151233	0.0153082	0.0155096	0.0157282
15	0.0143303	0.0144278	0.0145388	0.0146637	0.0148030	0.0149570	0.0151263	0.0153115	0.0155131	0.0157320
16	0.0143318	0.0144295	0.0145408	0.0146659	0.0148054	0.0149597	0.0151292	0.0153147	0.0155166	0.0157358
17	0.0143333	0.0144313	0.0145427	0.0146681	0.0148079	0.0149624	0.0151322	0.0153179	0.0155201	0.0157396
18	0.0143348	0.0144330	0.0145447	0.0146703	0.0148103	0.0149651	0.0151352	0.0153211	0.0155237	0.0157434
19	0.0143364	0.0144348	0.0145467	0.0146726	0.0148128	0.0149678	0.0151381	0.0153244	0.0155272	0.0157472
20	0.0143379	0.0144365	0.0145487	0.0146748	0.0148152	0.0149705	0.0151411	0.0153276	0.0155307	0.0157511
21	0.0143394	0.0144383	0.0145507	0.0146770	0.0148177	0.0149732	0.0151441	0.0153309	0.0155342	0.0157549
22	0.0143410	0.0144400	0.0145527	0.0146792	0.0148202	0.0149759	0.0151471	0.0153341	0.0155378	0.0157587
23	0.0143425	0.0144418	0.0145546	0.0146815	0.0148226	0.0149787	0.0151500	0.0153374	0.0155413	0.0157626
24	0.0143441	0.0144436	0.0145566	0.0146837	0.0148251	0.0149814	0.0151530	0.0153406	0.0155449	0.0157664
25	0.0143456	0.0144453	0.0145586	0.0146859	0.0148276	0.0149841	0.0151560	0.0153439	0.0155484	0.0157702
26	0.0143472	0.0144471	0.0145607	0.0146882	0.0148301	0.0149869	0.0151590	0.0153472	0.0155520	0.0157741
27	0.0143487	0.0144489	0.0145627	0.0146904	0.0148326	0.0149896	0.0151620	0.0153504	0.0155555	0.0157779
28	0.0143503	0.0144507	0.0145647	0.0146927	0.0148351	0.0149923	0.0151650	0.0153537	0.0155591	0.0157818
29	0.0143518	0.0144525	0.0145667	0.0146949	0.0148376	0.0149951	0.0151680	0.0153570	0.0155626	0.0157857
30	0.0143534	0.0144542	0.0145687	0.0146972	0.0148401	0.0149978	0.0151711	0.0153603	0.0155662	0.0157895
31	0.0143550	0.0144560	0.0145707	0.0146994	0.0148426	0.0150006	0.0151741	0.0153636	0.0155698	0.0157934
32	0.0143566	0.0144578	0.0145728	0.0147017	0.0148451	0.0150034	0.0151771	0.0153669	0.0155734	0.0157973
33	0.0143581	0.0144596	0.0145748	0.0147040	0.0148476	0.0150061	0.0151801	0.0153702	0.0155770	0.0158012
34	0.0143597	0.0144615	0.0145768	0.0147062	0.0148501	0.0150089	0.0151832	0.0153735	0.0155806	0.0158051
35	0.0143613	0.0144633	0.0145789	0.0147085	0.0148526	0.0150117	0.0151862	0.0153768	0.0155841	0.0158089
36	0.0143629	0.0144651	0.0145809	0.0147108	0.0148552	0.0150145	0.0151893	0.0153801	0.0155877	0.0158128
37	0.0143645	0.0144669	0.0145830	0.0147131	0.0148577	0.0150172	0.0151923	0.0153835	0.0155914	0.0158167
38	0.0143661	0.0144687	0.0145850	0.0147154	0.0148602	0.0150200	0.0151954	0.0153868	0.0155950	0.0158207
39	0.0143677	0.0144705	0.0145871	0.0147177	0.0148628	0.0150228	0.0151984	0.0153901	0.0155986	0.0158246
40	0.0143693	0.0144724	0.0145891	0.0147200	0.0148653	0.0150256	0.0152015	0.0153934	0.0156022	0.0158285
41	0.0143709	0.0144742	0.0145912	0.0147223	0.0148679	0.0150284	0.0152045	0.0153968	0.0156058	0.0158324
42	0.0143725	0.0144760	0.0145933	0.0147246	0.0148704	0.0150312	0.0152076	0.0154001	0.0156095	0.0158363
43	0.0143741	0.0144779	0.0145953	0.0147269	0.0148730	0.0150340	0.0152107	0.0154035	0.0156131	0.0158403
44	0.0143757	0.0144797	0.0145974	0.0147292	0.0148755	0.0150369	0.0152138	0.0154068	0.0156167	0.0158442
45	0.0143774	0.0144816	0.0145995	0.0147315	0.0148781	0.0150397	0.0152168	0.0154102	0.0156204	0.0158482

续表

β					度					
分	7^0	8^0	9^0	10^0	11^0	12^0	13^0	14^0	15^0	16^0
46	0.0143790	0.0144834	0.0146016	0.0147339	0.0148807	0.0150425	0.0152199	0.0154136	0.0156240	0.0158521
47	0.0143806	0.0144853	0.0146037	0.0147362	0.0148832	0.0150453	0.0152230	0.0154169	0.0156277	0.0158561
48	0.0143822	0.0144871	0.0146058	0.0147385	0.0148858	0.0150482	0.0152261	0.0154203	0.0156313	0.0158600
49	0.0143838	0.0144890	0.0146079	0.0147408	0.0148884	0.0150510	0.0152292	0.0154237	0.0156350	0.0158640
50	0.0143855	0.0144909	0.0146100	0.0147432	0.0148910	0.0150538	0.0152323	0.0154271	0.0156387	0.0158680
51	0.0143872	0.0144927	0.0146121	0.0147455	0.0148936	0.0150567	0.0152354	0.0154304	0.0156424	0.0158719
52	0.0143888	0.0144946	0.0146142	0.0147479	0.0148962	0.0150595	0.0152386	0.0154338	0.0156460	0.0158759
53	0.0143905	0.0144965	0.0146163	0.0147502	0.0148988	0.0150624	0.0152417	0.0154372	0.0156497	0.0158799
54	0.0143921	0.0144984	0.0146184	0.0147526	0.0149014	0.0150653	0.0152448	0.0154406	0.0156534	0.0158839
55	0.0143938	0.0145003	0.0146205	0.0147549	0.0149040	0.0150681	0.0152479	0.0154440	0.0156571	0.0158879
56	0.0143955	0.0145022	0.0146226	0.0147573	0.0149066	0.0150710	0.0152511	0.0154474	0.0156608	0.0158919
57	0.0143971	0.0145040	0.0146248	0.0147597	0.0149092	0.0150739	0.0152542	0.0154509	0.0156645	0.0158959
58	0.0143988	0.0145059	0.0146269	0.0147620	0.0149118	0.0150767	0.0152573	0.0154543	0.0156682	0.0158999
59	0.0144005	0.0145078	0.0146290	0.0147644	0.0149144	0.0150796	0.0152605	0.0154577	0.0156719	0.0159039

β					度					
分	17^0	18^0	19^0	20^0	21^0	22^0	23^0	24^0	25^0	26^0
0	0.0159080	0.0161589	0.0164293	0.0167203	0.0170330	0.0173684	0.0177281	0.0181133	0.0185257	0.0189670
1	0.0159120	0.0161632	0.0164340	0.0167254	0.0170384	0.0173742	0.0177343	0.0181199	0.0184816	0.0189746
2	0.0159160	0.0161676	0.0164387	0.0167304	0.0170438	0.0173800	0.0177405	0.0181266	0.0184374	0.0189822
3	0.0159200	0.0161719	0.0164434	0.0167354	0.0170492	0.0173858	0.0177467	0.0181332	0.0183933	0.0189898
4	0.0159241	0.0161763	0.0164481	0.0167405	0.0170546	0.0173916	0.0177529	0.0181399	0.0183491	0.0189975
5	0.0159281	0.0161807	0.0164528	0.0167455	0.0170600	0.0173975	0.0177592	0.0181466	0.0183048	0.0190051
6	0.0159322	0.0161850	0.0164575	0.0167506	0.0170655	0.0174033	0.0177654	0.0181533	0.0182605	0.0190128
7	0.0159362	0.0161894	0.0164622	0.0167557	0.0170709	0.0174091	0.0177717	0.0181600	0.0182162	0.0190204
8	0.0159403	0.0161938	0.0164669	0.0167607	0.0170763	0.0174150	0.0177779	0.0181667	0.0181718	0.0190281
9	0.0159444	0.0161982	0.0164716	0.0167658	0.0170818	0.0174208	0.0177842	0.0181734	0.0181274	0.0190358
10	0.0159485	0.0162026	0.0164764	0.0167709	0.0170872	0.0174267	0.0177904	0.0181801	0.0180830	0.0190435
11	0.0159525	0.0162070	0.0164811	0.0167760	0.0170927	0.0174325	0.0177967	0.0181868	0.0180385	0.0190512
12	0.0159566	0.0162114	0.0164859	0.0167811	0.0170982	0.0174384	0.0178030	0.0181935	0.0179940	0.0190589
13	0.0159607	0.0162158	0.0164906	0.0167862	0.0171037	0.0174443	0.0178093	0.0182003	0.0179494	0.0190666
14	0.0159648	0.0162202	0.0164954	0.0167913	0.0171091	0.0174501	0.0178156	0.0182070	0.0179049	0.0190743
15	0.0159689	0.0162246	0.0165001	0.0167964	0.0171146	0.0174560	0.0178219	0.0182138	0.0178602	0.0190820
16	0.0159730	0.0162290	0.0165049	0.0168015	0.0171201	0.0174619	0.0178282	0.0182205	0.0178156	0.0190898
17	0.0159771	0.0162335	0.0165096	0.0168067	0.0171256	0.0174678	0.0178345	0.0182273	0.0177709	0.0190975
18	0.0159812	0.0162379	0.0165144	0.0168118	0.0171311	0.0174737	0.0178409	0.0182341	0.0177261	0.0191053
19	0.0159854	0.0162424	0.0165192	0.0168169	0.0171367	0.0174796	0.0178472	0.0182409	0.0176813	0.0191131
20	0.0159895	0.0162468	0.0165240	0.0168221	0.0171422	0.0174856	0.0178535	0.0182476	0.0176365	0.0191208
21	0.0159936	0.0162513	0.0165288	0.0168272	0.0171477	0.0174915	0.0178599	0.0182544	0.0175916	0.0191286
22	0.0159977	0.0162557	0.0165336	0.0168324	0.0171532	0.0174974	0.0178663	0.0182613	0.0175467	0.0191364
23	0.0160019	0.0162602	0.0165384	0.0168375	0.0171588	0.0175034	0.0178726	0.0182681	0.0175018	0.0191442
24	0.0160060	0.0162647	0.0165432	0.0168427	0.0171643	0.0175093	0.0178790	0.0182749	0.0174568	0.0191520
25	0.0160102	0.0162691	0.0165480	0.0168479	0.0171699	0.0175153	0.0178854	0.0182817	0.0174118	0.0191598
26	0.0160143	0.0162736	0.0165528	0.0168531	0.0171754	0.0175212	0.0178918	0.0182886	0.0173668	0.0191677
27	0.0160185	0.0162781	0.0165577	0.0168583	0.0171810	0.0175272	0.0178981	0.0182954	0.0173217	0.0191755
28	0.0160227	0.0162826	0.0165625	0.0168635	0.0171866	0.0175332	0.0179046	0.0183023	0.0172766	0.0191833
29	0.0160269	0.0162871	0.0165673	0.0168687	0.0171922	0.0175391	0.0179110	0.0183091	0.0172314	0.0191912
30	0.0160310	0.0162916	0.0165722	0.0168739	0.0171978	0.0175451	0.0179174	0.0183160	0.0171862	0.0191991
31	0.0160352	0.0162961	0.0165770	0.0168791	0.0172034	0.0175511	0.0179238	0.0183229	0.0171410	0.0192069
32	0.0160394	0.0163006	0.0165819	0.0168843	0.0172090	0.0175571	0.0179302	0.0183297	0.0170957	0.0192148
33	0.0160436	0.0163051	0.0165868	0.0168895	0.0172146	0.0175631	0.0179367	0.0183366	0.0170504	0.0192227
34	0.0160478	0.0163097	0.0165916	0.0168948	0.0172202	0.0175692	0.0179431	0.0183435	0.0170050	0.0192306
35	0.0160520	0.0163142	0.0165965	0.0169000	0.0172258	0.0175752	0.0179496	0.0183504	0.0169596	0.0192385
36	0.0160562	0.0163187	0.0166014	0.0169052	0.0172314	0.0175812	0.0179560	0.0183574	0.0169142	0.0192464

续表

β					度					
分	17⁰	18⁰	19⁰	20⁰	21⁰	22⁰	23⁰	24⁰	25⁰	26⁰
37	0.0160604	0.0163233	0.0166063	0.0169105	0.0172371	0.0175873	0.0179625	0.0183643	0.0168687	0.0192543
38	0.0160647	0.0163278	0.0166112	0.0169157	0.0172427	0.0175933	0.0179690	0.0183712	0.0168232	0.0192623
39	0.0160689	0.0163324	0.0166161	0.0169210	0.0172483	0.0175994	0.0179754	0.0183781	0.0167776	0.0192702
40	0.0160731	0.0163369	0.0166210	0.0169263	0.0172540	0.0176054	0.0179819	0.0183851	0.0167321	0.0192782
41	0.0160773	0.0163415	0.0166259	0.0169315	0.0172596	0.0176115	0.0179884	0.0183920	0.0166864	0.0192861
42	0.0160816	0.0163461	0.0166308	0.0169368	0.0172653	0.0176175	0.0179949	0.0183990	0.0166408	0.0192941
43	0.0160858	0.0163507	0.0166357	0.0169421	0.0172710	0.0176236	0.0180014	0.0184060	0.0165951	0.0193021
44	0.0160901	0.0163552	0.0166407	0.0169474	0.0172767	0.0176297	0.0180080	0.0184130	0.0165493	0.0193101
45	0.0160943	0.0163598	0.0166456	0.0169527	0.0172823	0.0176358	0.0180145	0.0184199	0.0165035	0.0193181
46	0.0160986	0.0163644	0.0166505	0.0169580	0.0172880	0.0176419	0.0180210	0.0184269	0.0164577	0.0193261
47	0.0161029	0.0163690	0.0166555	0.0169633	0.0172937	0.0176480	0.0180276	0.0184339	0.0164119	0.0193341
48	0.0161072	0.0163736	0.0166604	0.0169686	0.0172994	0.0176541	0.0180341	0.0184409	0.0163660	0.0193421
49	0.0161114	0.0163782	0.0166654	0.0169740	0.0173052	0.0176603	0.0180407	0.0184480	0.0163200	0.0193501
50	0.0161157	0.0163829	0.0166704	0.0169793	0.0173109	0.0176664	0.0180472	0.0184550	0.0162741	0.0193582
51	0.0161200	0.0163875	0.0166753	0.0169846	0.0173166	0.0176725	0.0180538	0.0184620	0.0162280	0.0193662
52	0.0161243	0.0163921	0.0166803	0.0169900	0.0173223	0.0176787	0.0180604	0.0184691	0.0161820	0.0193743
53	0.0161286	0.0163967	0.0166853	0.0169953	0.0173281	0.0176848	0.0180670	0.0184761	0.0161359	0.0193823
54	0.0161329	0.0164014	0.0166903	0.0170007	0.0173338	0.0176910	0.0180736	0.0184832	0.0160898	0.0193904
55	0.0161372	0.0164060	0.0166953	0.0170060	0.0173396	0.0176971	0.0180802	0.0184902	0.0160436	0.0193985
56	0.0161415	0.0164107	0.0167003	0.0170114	0.0173453	0.0177033	0.0180868	0.0184973	0.0159974	0.0194066
57	0.0161459	0.0164153	0.0167053	0.0170168	0.0173511	0.0177095	0.0180934	0.0185044	0.0159512	0.0194147
58	0.0161502	0.0164200	0.0167103	0.0170222	0.0173569	0.0177157	0.0181000	0.0185115	0.0159049	0.0194228
59	0.0161545	0.0164247	0.0167153	0.0170276	0.0173626	0.0177219	0.0181066	0.0185186	0.0158585	0.0194309

β					度					
分	27⁰	28⁰	29⁰	30⁰	31⁰	32⁰	33⁰	34⁰	35⁰	36⁰
0	0.0194391	0.0199440	0.0204841	0.0210618	0.0216799	0.0223413	0.0230494	0.0238077	0.0246204	0.0254919
1	0.0194472	0.0199527	0.0204934	0.0210718	0.0216905	0.0223527	0.0230616	0.0238208	0.0246345	0.0255069
2	0.0194554	0.0199614	0.0205027	0.0210817	0.0217012	0.0223641	0.0230738	0.0238339	0.0246485	0.0255220
3	0.0194635	0.0199702	0.0205121	0.0210917	0.0217119	0.0223756	0.0230861	0.0238470	0.0246626	0.0255371
4	0.0194717	0.0199789	0.0205214	0.0211017	0.0217226	0.0223870	0.0230983	0.0238602	0.0246767	0.0255522
5	0.0194799	0.0199877	0.0205308	0.0211117	0.0217333	0.0223985	0.0231106	0.0238733	0.0246907	0.0255673
6	0.0194881	0.0199964	0.0205401	0.0211218	0.0217440	0.0224099	0.0231229	0.0238865	0.0247049	0.0255824
7	0.0194962	0.0200052	0.0205495	0.0211318	0.0217547	0.0224214	0.0231352	0.0238997	0.0247190	0.0255976
8	0.0195045	0.0200140	0.0205589	0.0211418	0.0217655	0.0224329	0.0231475	0.0239129	0.0247331	0.0256128
9	0.0195127	0.0200227	0.0205683	0.0211519	0.0217762	0.0224444	0.0231598	0.0239261	0.0247473	0.0256279
10	0.0195209	0.0200315	0.0205777	0.0211619	0.0217870	0.0224560	0.0231722	0.0239393	0.0247615	0.0256432
11	0.0195291	0.0200403	0.0205871	0.0211720	0.0217978	0.0224675	0.0231845	0.0239525	0.0247757	0.0256584
12	0.0195374	0.0200492	0.0205966	0.0211821	0.0218086	0.0224791	0.0231969	0.0239658	0.0247899	0.0256736
13	0.0195456	0.0200580	0.0206060	0.0211922	0.0218194	0.0224906	0.0232093	0.0239791	0.0248041	0.0256889
14	0.0195539	0.0200668	0.0206154	0.0212023	0.0218302	0.0225022	0.0232217	0.0239924	0.0248183	0.0257042
15	0.0195621	0.0200757	0.0206249	0.0212124	0.0218410	0.0225138	0.0232341	0.0240057	0.0248326	0.0257195
16	0.0195704	0.0200845	0.0206344	0.0212226	0.0218519	0.0225254	0.0232465	0.0240190	0.0248469	0.0257348
17	0.0195787	0.0200934	0.0206439	0.0212327	0.0218627	0.0225370	0.0232590	0.0240323	0.0248612	0.0257501
18	0.0195870	0.0201023	0.0206533	0.0212429	0.0218736	0.0225486	0.0232714	0.0240457	0.0248755	0.0257655
19	0.0195953	0.0201111	0.0206629	0.0212530	0.0218845	0.0225603	0.0232839	0.0240590	0.0248898	0.0257808
20	0.0196036	0.0201200	0.0206724	0.0212632	0.0218954	0.0225720	0.0232964	0.0240724	0.0249042	0.0257962
21	0.0196120	0.0201289	0.0206819	0.0212734	0.0219063	0.0225836	0.0233089	0.0240858	0.0249185	0.0258116
22	0.0196203	0.0201378	0.0206914	0.0212836	0.0219172	0.0225953	0.0233214	0.0240992	0.0249329	0.0258271
23	0.0196286	0.0201468	0.0207010	0.0212938	0.0219281	0.0226070	0.0233339	0.0241126	0.0249473	0.0258425
24	0.0196370	0.0201557	0.0207105	0.0213040	0.0219391	0.0226187	0.0233465	0.0241261	0.0249617	0.0258580
25	0.0196454	0.0201647	0.0207201	0.0213143	0.0219500	0.0226304	0.0233590	0.0241395	0.0249761	0.0258735
26	0.0196537	0.0201736	0.0207297	0.0213245	0.0219610	0.0226422	0.0233716	0.0241530	0.0249906	0.0258890
27	0.0196621	0.0201826	0.0207393	0.0213348	0.0219719	0.0226539	0.0233842	0.0241665	0.0250050	0.0259045
28	0.0196705	0.0201915	0.0207489	0.0213450	0.0219829	0.0226657	0.0233968	0.0241800	0.0250195	0.0259200
29	0.0196873	0.0202005	0.0207585	0.0213553	0.0219939	0.0226775	0.0234094	0.0241935	0.0250340	0.0259356
30	0.0196873	0.0202095	0.0207681	0.0213656	0.0220050	0.0226893	0.0234220	0.0242070	0.0250485	0.0259511
31	0.0196957	0.0202185	0.0207777	0.0213759	0.0220160	0.0227011	0.0234347	0.0242206	0.0250630	0.0259667

续表

β 分	度									
	27^0	28^0	29^0	30^0	31^0	32^0	33^0	34^0	35^0	36^0
32	0.0197042	0.0202275	0.0207874	0.0213862	0.0220270	0.0227129	0.0234473	0.0242341	0.0250776	0.0259823
33	0.0197126	0.0202366	0.0207970	0.0213966	0.0220381	0.0227247	0.0234600	0.0242477	0.0250922	0.0259980
34	0.0197210	0.0202456	0.0208067	0.0214069	0.0220491	0.0227366	0.0234727	0.0242613	0.0251067	0.0260136
35	0.0197295	0.0202546	0.0208164	0.0214173	0.0220602	0.0227484	0.0234854	0.0242749	0.0251213	0.0260293
36	0.0197380	0.0202637	0.0208260	0.0214276	0.0220713	0.0227603	0.0234981	0.0242886	0.0251359	0.0260449
37	0.0197464	0.0202728	0.0208357	0.0214380	0.0220824	0.0227722	0.0235108	0.0243022	0.0251506	0.0260606
38	0.0197549	0.0202818	0.0208455	0.0214484	0.0220935	0.0227841	0.0235236	0.0243159	0.0251652	0.0260764
39	0.0197634	0.0202909	0.0208552	0.0214588	0.0221047	0.0227960	0.0235363	0.0243295	0.0251799	0.0260921
40	0.0197719	0.0203000	0.0208649	0.0214692	0.0221158	0.0228079	0.0235491	0.0243432	0.0251946	0.0261079
41	0.0197804	0.0203091	0.0208746	0.0214796	0.0221270	0.0228199	0.0235619	0.0243569	0.0252093	0.0261236
42	0.0197890	0.0203183	0.0208844	0.0214900	0.0221381	0.0228318	0.0235747	0.0243707	0.0252240	0.0261394
43	0.0197975	0.0203274	0.0208942	0.0215005	0.0221493	0.0228438	0.0235875	0.0243844	0.0252387	0.0261552
44	0.0198060	0.0203365	0.0209039	0.0215109	0.0221605	0.0228558	0.0236004	0.0243982	0.0252535	0.0261711
45	0.0198146	0.0203457	0.0209137	0.0215214	0.0221717	0.0228678	0.0236132	0.0244119	0.0252682	0.0261869
46	0.0198231	0.0203548	0.0209235	0.0215319	0.0221829	0.0228798	0.0236261	0.0244257	0.0252830	0.0262028
47	0.0198317	0.0203640	0.0209333	0.0215424	0.0221941	0.0228918	0.0236390	0.0244395	0.0252978	0.0262187
48	0.0198403	0.0203732	0.0209431	0.0215529	0.0222054	0.0229038	0.0236519	0.0244533	0.0253127	0.0262346
49	0.0198489	0.0203824	0.0209530	0.0215634	0.0222166	0.0229159	0.0236648	0.0244672	0.0253275	0.0262505
50	0.0198575	0.0203916	0.0209628	0.0215739	0.0222279	0.0229280	0.0236777	0.0244810	0.0253424	0.0262665
51	0.0198661	0.0204008	0.0209727	0.0215845	0.0222392	0.0229400	0.0236906	0.0244949	0.0253572	0.0262824
52	0.0198747	0.0204100	0.0209825	0.0215950	0.0222505	0.0229521	0.0237036	0.0245088	0.0253721	0.0262984
53	0.0198833	0.0204192	0.0209924	0.0216056	0.0222618	0.0229642	0.0237165	0.0245227	0.0253870	0.0263144
54	0.0198920	0.0204284	0.0210023	0.0216162	0.0222731	0.0229764	0.0237295	0.0245366	0.0254019	0.0263304
55	0.0199006	0.0204377	0.0210122	0.0216268	0.0222844	0.0229885	0.0237425	0.0245505	0.0254169	0.0263465
56	0.0199093	0.0204470	0.0210221	0.0216374	0.0222958	0.0230006	0.0237555	0.0245645	0.0254319	0.0263625
57	0.0199180	0.0204562	0.0210320	0.0216480	0.0223071	0.0230128	0.0237686	0.0245784	0.0254468	0.0263786
58	0.0199266	0.0204655	0.0210419	0.0216586	0.0223185	0.0230250	0.0237816	0.0245924	0.0254618	0.0263947
59	0.0199353	0.0204748	0.0210519	0.0216692	0.0223299	0.0230372	0.0237947	0.0246064	0.0254768	0.0264108

β 分	度								
	37^0	38^0	39^0	40^0	41^0	42^0	43^0	44^0	45^0
0	0.0264269	0.0274311	0.0285103	0.0296713	0.0309214	0.0322689	0.0337232	0.0352944	0.0369941
1	0.0264431	0.0274484	0.0285290	0.0296913	0.0309430	0.0321717	0.0337484	0.0353216	0.0370236
2	0.0264593	0.0274658	0.0285476	0.0297114	0.0309647	0.0320743	0.0337736	0.0353489	0.0370531
3	0.0264755	0.0274832	0.0285663	0.0297316	0.0309864	0.0319769	0.0337988	0.0353762	0.0370827
4	0.0264917	0.0275006	0.0285851	0.0297517	0.0310081	0.0318795	0.0338241	0.0354035	0.0371123
5	0.0265079	0.0275181	0.0286038	0.0297719	0.0310298	0.0317819	0.0338495	0.0354309	0.0371419
6	0.0265242	0.0275355	0.0286226	0.0297921	0.0310516	0.0316843	0.0338748	0.0354583	0.0371716
7	0.0265404	0.0275530	0.0286414	0.0298124	0.0310734	0.0315866	0.0339002	0.0354858	0.0372014
8	0.0265567	0.0275705	0.0286602	0.0298326	0.0310952	0.0314888	0.0339257	0.0355133	0.0372311
9	0.0265730	0.0275880	0.0286791	0.0298529	0.0311171	0.0313910	0.0339511	0.0355408	0.0372609
10	0.0265894	0.0276056	0.0286979	0.0298732	0.0311390	0.0312931	0.0339766	0.0355684	0.0372908
11	0.0266057	0.0276231	0.0287168	0.0298935	0.0311609	0.0311951	0.0340021	0.0355960	0.0373207
12	0.0266221	0.0276407	0.0287357	0.0299139	0.0311828	0.0310970	0.0340277	0.0356236	0.0373506
13	0.0266385	0.0276583	0.0287547	0.0299343	0.0312048	0.0309989	0.0340533	0.0356513	0.0373805
14	0.0266549	0.0276760	0.0287736	0.0299547	0.0312268	0.0309007	0.0340789	0.0356790	0.0374106
15	0.0266713	0.0276936	0.0287926	0.0299751	0.0312488	0.0308024	0.0341046	0.0357068	0.0374406
16	0.0266877	0.0277113	0.0288116	0.0299956	0.0312708	0.0307041	0.0341303	0.0357345	0.0374707
17	0.0267042	0.0277290	0.0288306	0.0300161	0.0312929	0.0306056	0.0341560	0.0357624	0.0375008
18	0.0267207	0.0277467	0.0288497	0.0300366	0.0313150	0.0305071	0.0341817	0.0357902	0.0375310
19	0.0267372	0.0277644	0.0288688	0.0300571	0.0313371	0.0304086	0.0342075	0.0358181	0.0375612
20	0.0267537	0.0277822	0.0288879	0.0300777	0.0313593	0.0303099	0.0342333	0.0358460	0.0375914
21	0.0267702	0.0277999	0.0289070	0.0300983	0.0313815	0.0302112	0.0342592	0.0358740	0.0376217
22	0.0267868	0.0278177	0.0289261	0.0301189	0.0314037	0.0301124	0.0342851	0.0359020	0.0376521
23	0.0268034	0.0278356	0.0289453	0.0301395	0.0314259	0.0300135	0.0343110	0.0359301	0.0376824
24	0.0268200	0.0278534	0.0289645	0.0301602	0.0314482	0.0299146	0.0343370	0.0359581	0.0377128
25	0.0268366	0.0278713	0.0289837	0.0301808	0.0314705	0.0298156	0.0343630	0.0359863	0.0377433
26	0.0268533	0.0278892	0.0290029	0.0302016	0.0314928	0.0297165	0.0343890	0.0360144	0.0377738

续表

β分	度								
	37⁰	38⁰	39⁰	40⁰	41⁰	42⁰	43⁰	44⁰	45⁰
27	0.0268699	0.0279071	0.0290222	0.0302223	0.0315152	0.0296173	0.0344151	0.0360426	0.0378043
28	0.0268866	0.0279250	0.0290415	0.0302431	0.0315376	0.0295181	0.0344412	0.0360708	0.0378349
29	0.0269033	0.0279429	0.0290608	0.0302639	0.0315600	0.0294188	0.0344673	0.0360991	0.0378655
30	0.0269200	0.0279609	0.0290801	0.0302847	0.0315824	0.0293194	0.0344934	0.0361274	0.0378962
31	0.0269368	0.0279789	0.0290995	0.0303055	0.0316049	0.0292200	0.0345196	0.0361557	0.0379269
32	0.0269535	0.0279969	0.0291188	0.0303264	0.0316274	0.0291204	0.0345459	0.0361841	0.0379576
33	0.0269703	0.0280150	0.0291383	0.0303473	0.0316499	0.0290208	0.0345721	0.0362125	0.0379884
34	0.0269871	0.0280330	0.0291577	0.0303682	0.0316725	0.0289211	0.0345984	0.0362410	0.0380192
35	0.0270039	0.0280511	0.0291771	0.0303891	0.0316950	0.0288214	0.0346248	0.0362695	0.0380501
36	0.0270208	0.0280692	0.0291966	0.0304101	0.0317177	0.0287215	0.0346511	0.0362980	0.0380810
37	0.0270376	0.0280873	0.0292161	0.0304311	0.0317403	0.0286216	0.0346775	0.0363265	0.0381119
38	0.0270545	0.0281055	0.0292356	0.0304521	0.0317630	0.0285217	0.0347040	0.0363551	0.0381429
39	0.0270714	0.0281236	0.0292552	0.0304732	0.0317857	0.0284216	0.0347304	0.0363838	0.0381739
40	0.0270883	0.0281418	0.0292747	0.0304943	0.0318084	0.0283215	0.0347569	0.0364125	0.0382050
41	0.0271053	0.0281600	0.0292943	0.0305154	0.0318311	0.0282213	0.0347835	0.0364412	0.0382361
42	0.0271222	0.0281783	0.0293140	0.0305365	0.0318539	0.0281210	0.0348101	0.0364699	0.0382673
43	0.0271392	0.0281965	0.0293336	0.0305577	0.0318767	0.0280206	0.0348367	0.0364987	0.0382985
44	0.0271562	0.0282148	0.0293533	0.0305788	0.0318996	0.0279202	0.0348633	0.0365276	0.0383297
45	0.0271733	0.0282331	0.0293730	0.0306001	0.0319224	0.0278197	0.0348900	0.0365564	0.0383610
46	0.0271903	0.0282514	0.0293927	0.0306213	0.0319453	0.0277191	0.0349167	0.0365853	0.0383923
47	0.0272074	0.0282698	0.0294124	0.0306425	0.0319682	0.0276185	0.0349434	0.0366143	0.0384237
48	0.0272245	0.0282881	0.0294322	0.0306638	0.0319912	0.0275177	0.0349702	0.0366433	0.0384551
49	0.0272416	0.0283065	0.0294520	0.0306851	0.0320142	0.0274169	0.0349970	0.0366723	0.0384866
50	0.0272587	0.0283249	0.0294718	0.0307065	0.0320372	0.0273161	0.0350239	0.0367013	0.0385180
51	0.0272758	0.0283434	0.0294916	0.0307279	0.0320602	0.0272151	0.0350508	0.0367304	0.0385496
52	0.0272930	0.0283618	0.0295115	0.0307493	0.0320833	0.0271141	0.0350777	0.0367596	0.0385812
53	0.0273102	0.0283803	0.0295314	0.0307707	0.0321064	0.0270130	0.0351047	0.0367888	0.0386128
54	0.0273274	0.0283988	0.0295513	0.0307921	0.0321295	0.0269118	0.0351317	0.0368180	0.0386445
55	0.0273446	0.0284174	0.0295712	0.0308136	0.0321527	0.0268105	0.0351587	0.0368472	0.0386762
56	0.0273619	0.0284359	0.0295912	0.0308351	0.0321759	0.0267092	0.0351857	0.0368765	0.0387079
57	0.0273792	0.0284545	0.0296112	0.0308566	0.0321991	0.0266078	0.0352128	0.0369059	0.0387397
58	0.0273964	0.0284730	0.0296312	0.0308782	0.0322224	0.0265063	0.0352400	0.0369352	0.0387715
59	0.0274138	0.0284917	0.0296512	0.0308998	0.0322456	0.0264048	0.0352672	0.0369646	0.0388034

5.5 斜齿圆柱齿轮机构的优缺点以及人字齿轮

5.5.1 斜齿圆柱齿轮机构的主要优点

与直齿圆柱齿轮相比，斜齿圆柱齿轮主要具有下列优点：

（1）啮合性能好。齿廓的制造误差往往发生在同一个半径的球面上，如若刀具的刀刃上有一个小缺口，则加工出的直齿圆柱齿轮的齿廓表面上将会有一条与轴线平行的小凸起，如图5-10所示。因而，当在有制造误差的点啮合时会产生较大的冲击和振动，在斜齿轮上尽管齿面的制造误差相同，但因为接触线是倾斜的，故在啮合时只有一点误差，从而减小了制造误差对传动性能的不良影响，即齿形误差对斜齿轮传动的影响不像直齿轮传动那样敏感。此外，斜齿轮的每个轮齿都是逐渐进入和退出啮合，所以传动平稳，噪音和冲击都较小。

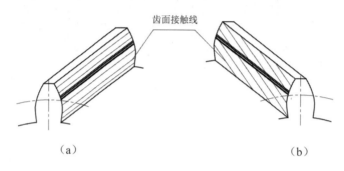

图 5-10　刀具缺陷对齿轮啮合效果的影响

（2）斜齿轮的最少齿数z_{tmin}比直齿轮的最少齿数z_{min}要少，因此斜齿轮可以取更少的齿数而不被根切，这使得机构的尺寸更加紧凑。

（3）重迭系数较大，承载能力较高，由式（5-13）和式（5-14）可知，斜齿轮传动的重迭系数随齿宽和螺旋角的增加而增加，在某些情况下可以达到 10 以上，而$\alpha = 20°$、$h_a^* = 1$的标准直齿圆柱齿轮传动的重迭系数极限值为 1.98。重迭系数大，不仅使传动平稳，而且减轻了每对轮齿的负荷，从而提高了斜齿轮的承载能力和使用寿命。

（4）斜齿轮的制造成本以及所用的机床和刀具均与直齿轮相同。

5.5.2　斜齿轮传动的主要缺点以及人字齿轮

由于轮齿的倾斜，在传动时会产生轴向推力，如图 5-11（a）所示。因此设计支承结构时必须采用止推轴承，这使得轴系结构复杂、摩擦损失增大、传动效率降低。为了克服这些缺点，可以采用如图 5-11（b）所示的人字齿轮。这种齿轮的左右两排轮齿是完全对称的，两侧所产生的轴向推力能够互相抵消，但是人字齿轮的制造比较困难一些。

    综上所述，螺旋角β的大小对斜齿轮机构的传动质量有很大影响。螺旋角β太小时发挥不出斜齿轮的优点，而螺旋角β太大，则会使轴向推力过大，一般取$\beta =7°\sim20°$。

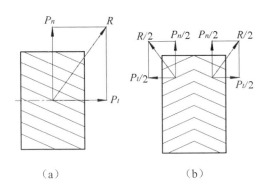

图 5-11   斜齿轮与人字齿轮受力图

    为了发挥斜齿圆柱齿轮传动的优点，同时又克服其轴向力随β的增大而增大的缺点。在大功率的传动中可以采用人字齿圆柱齿轮传动，人字齿圆柱齿轮有带退刀槽和不带退刀槽两种结构，如图 5-12 所示。它实际上相当于两个螺旋角相等而方向相反的斜齿圆柱齿轮连在一起，使轴向力互相抵消。这样人字齿圆柱齿轮的螺旋角β就可以大大增加，一般$\beta =25°\sim40°$，最大可以取 45°，常取 30°左右。不带退刀槽的人字齿轮需要专用设备加工，而带退刀槽的人字齿圆柱齿轮可以在普通滚齿机上加工，但应有足够的退刀槽宽度，退刀槽尺寸如表 5-4 所示。

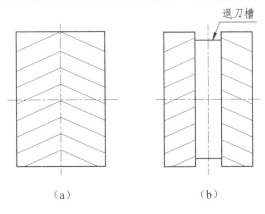

图 5-12   无退刀槽与有退刀槽人字齿圆柱齿轮

表 5-4　加工人字齿轮时的退刀槽尺寸表

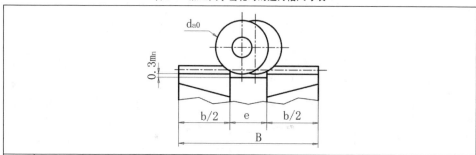

m_n	中间退刀槽宽度 e			m_n	中间退刀槽宽度 e		
	$\beta=15°\sim25°$	$\beta>25°\sim35°$	$\beta>35°\sim45°$		$\beta=15°\sim25°$	$\beta>25°\sim35°$	$\beta>35°\sim45°$
2	28	30	34	9	95	105	110
2.5	34	36	40	10	100	110	115
3	38	40	45	12	115	125	135
3.5	45	50	55	14	135	145	155
4	50	55	60	16	150	165	175
4.5	55	60	65	18	170	185	195
5	60	65	70	20	190	205	220
6	70	75	80	22	215	230	250
7	75	80	85	28	290	310	325
8	85	90	95				

注：用非标准滚刀切制人字齿轮的中间退刀槽宽度 e，可以按下式计算：

$$e = 2\sqrt{h(d_{a0}-h)\left[1-\left(\frac{m_0}{d_0}\right)^2\right] + \frac{m_0}{d_0}\left[l + \frac{(h_{a0}^* - x) + c}{\tan\alpha_n}\right]}$$

式中 l 是滚刀的长度。

第六章　圆柱齿轮传动的公差

6.1　概述

齿轮传动的机器或仪器，其工作性能、承载能力、使用寿命以及工作精度等都与齿轮本身的制造精度有密切的关系。

各种机械上所用的齿轮，对齿轮传动的要求因用途的不同而不同，但归纳起来有以下四点：

（1）传递运动的准确性——即要求齿轮在一转范围内，最大的转角误差限制在一定的范围内，以保证从动件与主动件运动协调一致。

（2）传动的平稳性——即要求齿轮传动的瞬间传动比变化不大。因为瞬间传动比的突然变化，会引起齿轮冲击，产生噪声和振动。

（3）载荷分布的均匀性——即要求齿轮啮合时，齿面接触良好，以免引起应力集中，选成齿面局部磨损，影响齿轮的使用寿命。

（4）传动侧隙——即要求齿轮啮合时，非工作啮合面间应具有一定的间隙。这个间隙对于贮藏润滑油、补偿齿轮传动受力后的弹性变形、热膨胀以及补偿齿轮及齿轮装置其他元件的制造误差、装配误差都是必要的。否则，齿轮在传动过程中可能卡死或烧伤。

6.2 齿轮加工误差

如前所述，在机械制造中，齿轮的加工方法很多，按齿廓形成原理可以分为：仿形法，如用成形指状铣刀、成形圆盘铣刀在铣床上铣齿；范成法，如用滚刀在滚齿机上滚齿。以滚齿为代表，产生加工误差的主要因素为：

（1）滚刀的加工误差和安装误差。如滚刀的径向跳动、轴向窜动以及齿形角误差等。

（2）机床传动链的高频误差。加工齿轮时主要受分度链误差的影响，尤其是分度蜗杆的径向跳动和轴向窜动的影响。加工斜齿轮时，除分度链外，还受差动链的误差影响。

（3）运动偏心（$e_{运}$）。这是由于起床分度蜗杆加工误差以及安装偏心引起的。

（4）几何偏心（$e_{几}$）。这是由于齿轮齿圈的中心与齿轮工作时的旋转中心不重合引起的。

用范成法加工齿轮，其齿廓的形成是刀具对齿坯周期地连续滚切的结果，如同齿条－齿轮副的啮合传动过程。因而，加工误差是齿轮转角的函数，具有周期性，这是齿轮误差的特点。上述四个方面中的前两种因素所产生的误差，在齿轮一转中多次重复出现，称为短周期误差或高频误差，而后两种因素所产生的齿轮误差以齿轮一转为周期，称为长周期误差。在齿轮精度分析中，为了便于分析齿轮各种误差对齿轮传动质量的影响，按误差相对于齿轮的方向，又可以分为轴向误差、径向误差和切向误差。

下面按齿轮各项误差对齿轮传动使用性能的主要影响，将齿轮加工误差划分为三组，即第Ⅰ组为影响运动准确性的误差，第Ⅱ组为影响传动平稳性的误差，第Ⅲ组为影响载荷分布均匀性的误差。

6.3 第 I 组——影响运动准确性的误差

影响齿轮传动的运动准确性误差包括以下五项：

6.3.1 公法线长度变动——ΔF_w

公法线长度变动ΔF_w是指在齿轮一周范围内的实际公法线长度最大值与最小值之差，如图 6-1 所示。

在滚齿中ΔF_w是由于运动偏心$e_{运}$引起的，$e_{运}$来源于机床分度蜗轮偏心$e_{蜗}$，如图 6-2 所示。当分度蜗轮具有$e_{蜗}$时，即使刀具做匀速旋转，但是分度蜗轮以及由它带动的齿坯在切齿过程中转速是不均匀的，呈现周期性变化，从最大角速度$(\omega + \Delta\omega)$变化到最小角速度$(\omega - \Delta\omega)$，以工作台一转为周期，如图 6-3 所示，假设切 1 齿时，齿坯转角误差为 0，当 2 齿时，理论上齿坯应转过$\angle AOC = 360°/z$，由于存在转角误差，实际上齿坯多转了一个$\Delta\varphi$角，即转到$\angle AOC$，使 2 齿不在虚线所示的理论位置，而转到实线所示的实际位置，结果齿廓沿着基圆切线方向发生位移。同理，其各齿也发生类似的切向位移，从而使齿轮上切出的公法线长度不均匀，如图 6-3 所示中W_{max}出现在 2～8 齿之间，W_{min}出现在 4～6 齿之间，以齿轮一转为变化周期。

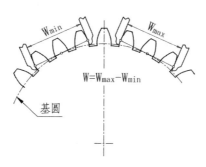

图 6-1　实际公法线长度最大值与最小值之差

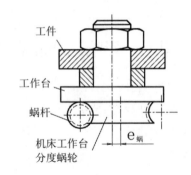

图 6-2　由于运动偏心引起的误差

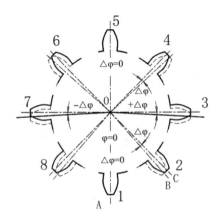

图 6-3　齿廓沿着基圆切线方向位移图

6.3.2　切向综合误差——$\Delta F_i'$

这项误差是在齿轮单面啮合综合检查仪上测量的。被测齿轮装在仪器心轴上，在保持设计中心距 a 的条件下，与测量齿轮作单面啮合转动，测出被测齿轮的转角误差。

$\Delta F_i'$ 指被测齿轮与精确测量齿轮单面啮合转动时，在被测齿轮一转内实际转角与理论转角的最大差值，如图 6-4 所示，以分度圆弧长计值。允许用齿条、蜗杆、测头等测量元件代替测量齿轮。

$\Delta F_i'$ 反应齿轮一转的转角误差，它说明齿轮运动的不均匀性，在一转过程中，其转速忽快忽慢，周期性地变化，$\Delta F_i'$是几何偏心、运动偏心以及各项短周期误差综合影响的结果。

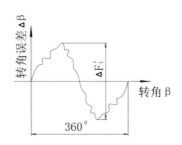

图 6-4　实际转角与理论转角的最大差值

6.3.3　径向综合误差——$\Delta F_i''$

此项误差是在齿轮双面啮合综合检查仪上测量的。被测齿轮与测量齿轮双面啮合转动，若齿轮存在径向误差（如几何偏心）以及短周期误差（如基节误差、齿形误差等），则其双啮中心距便会发生变化。径向综合误差$\Delta F_i''$是指被测齿轮与精确测量齿轮双面啮合转动时，在被测齿轮一转内双啮中心距的最大变动量，如图 6-5 所示。

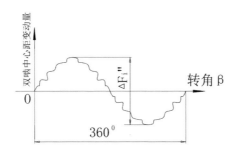

图 6-5　双啮中心距的变动量

双啮中心距是指被测齿轮与测量齿轮双面啮合时的中心距。

径向综合误差$\Delta F_i''$主要反映径向误差，可以代替齿圈径向跳动ΔF_r。由于检查$\Delta F_i''$比检查ΔF_r的效率高，所以在成批生产时，常用$\Delta F_i''$作为齿轮第Ⅰ公差组的检验指标。

运动偏心$e_运$引起切向误差,使各齿廓的位置在圆周上分布不均匀,从而导致周节累积误差ΔF_p并引起齿形变异,但$e_运$并不引起径向误差,因为$e_运$虽然使齿坯在切齿的过程中转速不均匀,但从刀具到齿坯孔中心的距离始终保持不变。

经过上述分析,可以得出如下结论:ΔF_r、$\Delta F_i''$主要是$e_几$引起的,ΔF_w是由$e_运$引起的,ΔF_p是$e_运$与$e_几$的综合偏心引起的,$\Delta F_i'$是长短周期误差综合影响的结果。

6.3.4 齿圈径向跳动——ΔF_r

齿圈径向跳动是指在齿轮一转范围内,测头在齿槽内或轮齿上,于齿高中部双面接触,测头相对于齿轮轴线的最大变动量如图 6-6 所示。该项误差的测量方法是:以齿轮孔为基准,测头依次放入各齿槽内或轮齿上,在指示表上读出测头的径向位置变化,其最大变化量即为ΔF_r。

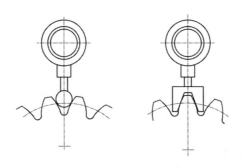

图 6-6　测头相对于齿轮轴线的最大变动量

ΔF_r主要是由几何偏心$e_几$引起的。几何偏心可能在加工中产生,如图 6-7 所示,加工时由于齿坯孔与心轴间有间隙,因而孔中心 O 可能与切齿时的旋转中心O'不重合,产生一个偏心量$e_几$,在切齿过程中,刀具至O'的距离始终保持不变,因而切出的齿圈就以O'为中心。从齿圈上各齿到孔中心的距离是不相等的,按正弦规律变化,如图 6-8 所示。以齿轮一转为周期,它属于长周期误差,若忽略其他误差的影响,则$\Delta F_r = r_{\max} - r_{\min} = e_几$。

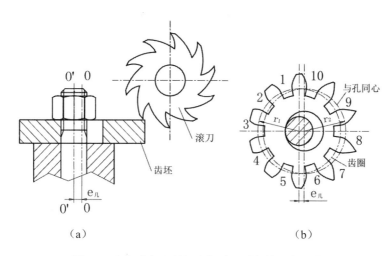

图 6-7　齿坯孔与心轴间有间隙而引起的几何误差

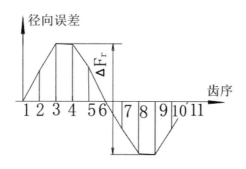

图 6-8　各齿到孔中心的距离按正弦规律变化

有几何偏心引起的误差是沿着齿轮径向方向产生的，属于径向误差，当齿轮具有几何偏心时，沿着与孔同心的圆上的齿距以及齿厚是不均匀的，远离中心 O' 的一边齿距变长，齿厚变薄，靠近中心 O' 的一边则相反，如图 6-7（b）所示。它按正弦规律变化，引起周节累积误差，并使齿轮传动中侧隙发生变化，因此，几何偏心是产生周节累积误差的因素之一。

几何偏心也可以在装配时产生，假设齿轮加工中无误差，当把齿轮装在传动轴上时，若孔与轴之间有间隙，也会产生几何偏心，其影响与前者相同。

此外，齿坯端面跳动也会引起附加的偏心。

6.3.5 周节累积误差——ΔF_p

齿轮在加工中不可避免地要发生偏心，从而使齿轮的齿距不均匀，才产生周节累计误差。

周节累计误差ΔF_p是指在分度圆上，任意两个同侧齿面间的实际弧长与公称弧长的最大差值，即最大周节累积偏差$\Delta F_{P\max}$与最小周节累积偏差$\Delta F_{P\min}$的代数差，如图6-9所示。

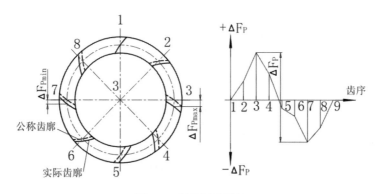

图 6-9　周节累积误差

在生产现场，ΔF_p通常用相对测量法测量，故该项误差也允许在齿高中部测量。

必要时还应控制齿轮 K 个周节的累积误差。K 个周节累积误差ΔF_{PK}是指在分度圆上 K 个周节间的实际弧长与公称弧长的最大差值，如图6-9所示。K 为 2 到小于z/2的整数（z 为齿数）。

周节累积误差也可以反映齿轮一转的转角误差，因此ΔF_p可以代替$\Delta F_i'$作为评定齿轮运动准确性的指标，但两者是有差别的，ΔF_p是沿着与孔同心的圆周上逐齿测得的每齿只测一个点，误差曲线为一折线，如图 6-9 所示，它只能说明这些有限点的运动误差情况，而不能反映两点之间传动比的变化情况。而$\Delta F_i'$却是被测齿轮与测量齿轮在单面啮合连续运转中测得的，其记录图形是一条连续曲线，如图6-4所示，它反映出齿轮每瞬间传动比的变化情况，测量条件与工作情况相近。

6.4 第 II 组——影响传动平稳性的误差

当齿轮只有长周期误差,其误差曲线如图 6-10(a)所示,虽然运动不均匀,但在低速情况下,其传动还是比较平稳的。当齿轮只有短周期误差时,其误差曲线如图 6-10(b)所示。这种在齿轮一转中多次重复出现的高频误差将引起齿轮瞬间传动比的变化,使齿轮传动不平稳,在高速运转中将发生冲击,产生噪音及振动,所以对这类误差也必须加以控制。

实际上齿轮运动误差是一条复杂的周期函数曲线,如图 6-10(c)所示,它既包含长周期误差,也包含短周期误差。

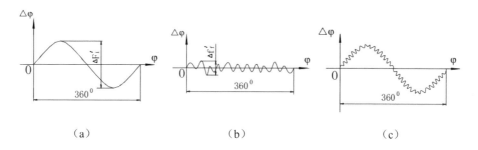

图 6-10 齿轮运动误差的周期函数曲线

影响齿轮传动平稳性误差的有以下 6 点:

6.4.1 基节偏差——Δf_{pb}

基节偏差Δf_{pb}是指实际基节与公称基节之差,如图 6-11 所示。

实际基节是指基圆柱切平面所截的两个相邻同侧齿面的交线之间的法向距离。

基节偏差Δf_{pb}主要是有刀具的基节偏差和齿形角误差造成的。在滚齿、插齿加工中,因为基节的两个端点是由刀具相邻齿同时切出的,所以与机床传动链误差无关。

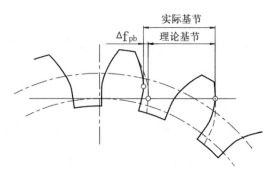

图 6-11   实际基节与公称基节之差

如图 6-12 所示，基节偏差Δf_{pb}使齿轮传动在啮合过渡的一瞬间发生冲击。

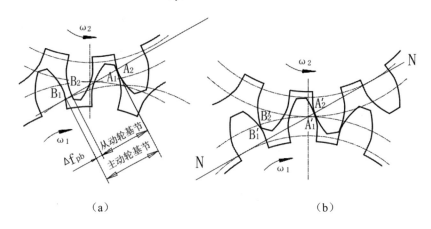

（a）   （b）

图 6-12   基节偏差引起的冲击

如图 6-12（a）所示，当主动轮基节大于从动轮基节时，第一对齿A_1、A_2啮合终止时，第二对齿B_1、B_2尚未进入啮合，此时A_1的齿顶将沿着A_2的齿根"刮行"，称为顶刃啮合，发生啮合线外的啮合，使从动轮突然降速，直到B_1和B_2齿进入啮合时，使从动齿轮又突然加速，因此，从一对齿啮合过渡到下一对齿啮合的过程中，瞬间传动比产生变化，引起冲击，产生振动和噪音。

如图 6-12（b）所示，当主动轮基节小于从动轮基节时，第一对齿的A_1'、A_2'啮合尚未结束，而第二对齿B_1'、B_2'就已开始进入啮合，B_2'的齿顶反向撞击B_1'的齿腹，使从动轮突然加速，强迫A_1'和A_2'脱离啮合，B_2'的齿顶在B_1'的齿腹上"刮行"，同样产生顶刃啮合。直到B_1'和B_2'进入正常啮合，恢复正常转速时为止。这种情况比前一种更坏，因为冲击力与运动方向相反，故振动噪音更大。

上述两种情况产生的冲击，在齿轮一转中多次重复出现，误差的频率等于齿数，称为齿频误差。它是影响传动平稳性的重要因素。

6.4.2　齿形误差——Δf_f

齿形误差Δf_f是指在齿轮端截面上，齿形工作部分内——齿顶倒棱部分除外，包容实际齿形的两条最近的设计齿形间的法向距离，如图 6-13 所示，图中 B 为齿顶倒棱高度，C_f 为齿根工作起始图。齿顶和齿根处的齿形误差只允许偏向齿体内。

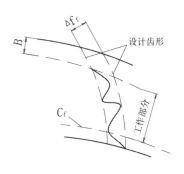

图 6-13　齿形误差

设计齿形可以是修正的理论渐开线，包括凸齿形、修缘齿形等。随着生产的发展，人们已经认识到理论渐开线的工作性能有时并不是最理想的，因此，在实际生产中，为了提高传动质量，常常需要按实际工作条件设计各种为实践所验证的修正齿形，如在高速传动中常用修缘齿形与鼓形齿。

齿形误差Δf_f是由于刀具的制造误差，如刀具齿形角误差和安装误差，由插齿刀、滚刀等在刀杆上安装偏心以及倾斜，以及机床传动链误差等所引起的。此外，长周期误差对齿形精度也有影响。齿形误差Δf_f影响传动平稳性如图 6-14 所示，理论上A_1齿与A_2齿应该在啮合线上的 a 点接触，而由于A_2齿的齿形有误差，使接

触点由 a 变到 a'，即接触点偏离了啮合线，产生啮合线外的啮合，从而引起瞬间传动比的突变，破坏了传动平稳性，产生振动和噪音。

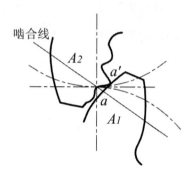

图 6-14　齿形误差对传动平稳性的影响

6.4.3　螺旋线波度误差——$\Delta f_{f\beta}$

如图 6-15 所示，螺旋线波度误差 $\Delta f_{f\beta}$ 是指宽斜齿轮齿高中部实际齿向线，即螺旋线波纹的最大波幅沿齿面法线方向计值。

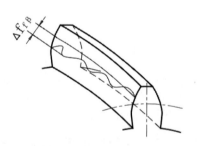

图 6-15　螺旋线波度误差

螺旋线波度误差 $\Delta f_{f\beta}$ 是用于评定轴向重合度 ε_β >1.25 的六级精度以及高于六级精度的斜齿轮以及人字齿轮的传动平稳性，这种齿轮主要用于汽轮机减速器，其特点是速度高、功率大，对传动平稳性要求特别高。

这种齿轮通常用高精度滚齿机加工。螺旋线波度误差 $\Delta f_{f\beta}$ 主要是由滚刀进给丝杆和机床分度蜗杆的周期误差引起的，由于这两项误差使齿侧面螺旋线产生波浪形误差，因此，使齿轮在传动过程中发生周期振动，严重影响传动平稳性。螺旋线波度误差$\Delta f_{f\beta}$是人字齿轮、宽斜齿产生高频误差的主要原因，而滚刀误差引起的齿形误差Δf_f以及基节偏差Δf_{pb}不影响其传动平稳性。据有关资料分析，通过测量周节偏差Δf_{pt}来评定传动平稳性是不够完善的，所以高精度人字齿轮、宽斜齿轮应控制螺旋线波度误差$\Delta f_{f\beta}$。

6.4.4 周节偏差——Δf_{pt}

如图 6-16 所示，周节偏差Δf_{pt}是指在分度圆或齿高中部，实际周节与公称周节之差。

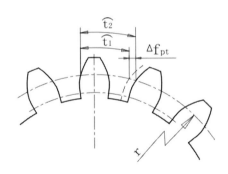

图 6-16　周节偏差

用相对法测量时，公称周节是指所有实际周节的平均值。

在滚齿加工中，周节偏差Δf_{pt}是由机床传动链误差，主要是分度蜗杆跳动引起的，所以周节偏差Δf_{pt}的测量是用来揭露机床传动链的短周期误差或加工中的分度误差。

当实际周节为t_2、公称周节为t_1时，周节偏差$\Delta f_{pt} = t_2 - t_1$。

6.4.5 径向一齿综合误差——$\Delta f_i''$

径向一齿综合误差$\Delta f_i''$是被测齿轮与精确测量齿轮双面啮合综合测量时，在径向综合误差记录曲线上小波纹的最大幅度值，如图 6-5 所示，其波长为一个周节角。

径向一齿综合误差$\Delta f_i''$也反映齿轮的高频误差，但它与切向一齿综合误差$\Delta f_i'$是有差别的，当测量啮合角α_c与加工啮合角α_j相等，即$\alpha_c = \alpha_j$时，径向一齿综合误差$\Delta f_i''$只反映刀具制造以及安装误差引起的径向误差，而不能反映出机床传动链短周期误差引起的周期切向误差。而当$\alpha_c \neq \alpha_j$时，则测出的径向一齿综合误差$\Delta f_i''$除包含径向误差外，还反映部分周期切向误差。因此，用径向一齿综合误差$\Delta f_i''$评定齿轮传动的平稳性不如切向一齿综合误差$\Delta f_i'$完善，但由于双面啮合综合检查仪结构简单，操作简便，所以在成批生产中仍然广泛采用。

6.4.6　切向一齿综合误差——$\Delta f_i'$

切向一齿综合误差$\Delta f_i'$是指被测齿轮与精确测量齿轮单面啮合综合测量时，在切向综合误差记录曲线上，小波纹的最大幅度值如图 6-4 所示，其波长为一个周节角，以分度圆弧长计。

切向一齿综合误差$\Delta f_i'$反映齿轮一齿内的转角误差，它在齿轮一转中多次重复出现，影响传动平稳性。它是由机床传动链短周期误差、刀具的制造和安装误差引起的。

6.5　第Ⅲ组——影响载荷分布均匀性的误差

在理论上，一对轮齿在啮合过程中，若不考虑弹性变形的影响，则由齿顶到齿根的每瞬间都沿着全齿宽成一条接触线。对于直齿轮，齿面是切于基圆柱的平面上的直线 L-L 的运动轨迹——渐开面，故轮齿每瞬间的接触线是一根平行于轴线的直线 L-L，如图 6-17 所示。

对于斜齿轮，齿面是切于基圆柱的平面且与轴线夹角为β_b的直线 L-L 的运动轨迹——渐开螺旋面。故切于基圆柱的平面与斜齿轮齿面的交线为一条直线 L-L，该直线即为齿面某瞬时的接触线，它与基圆柱母线间的夹角为β_b，如图 6-18 所示。

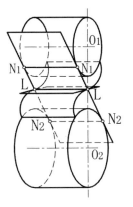

图 6-17   直齿轮的啮合面

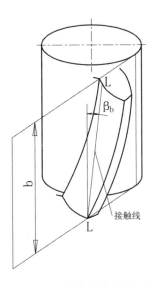

图 6-18   斜齿轮的啮合面

实际上由于齿轮的制造和安装误差，啮合过程中也并不是沿全齿高接触，而在啮合齿齿长方向上并不是沿全齿宽接触。对于直齿轮影响接触高度的，是齿形误差，影响接触长度的是齿向误差。对于宽斜齿轮，影响接触高度的是齿形误差和基节误差，影响接触长度的是轴向齿距误差，从评定齿轮承载能力的大小来看，主要应控制接触长度，接触高度主要影响齿轮传动的平稳性。

6.5.1 轴向齿距偏差——ΔF_{px}

如图 6-19 所示，轴向齿距偏差ΔF_{px}是指在与齿轮基准轴线平行且大约通过齿高中部的一条直线上，任意两个同侧齿面间的实际距离与公称距离之差，沿齿面法线方向计值。

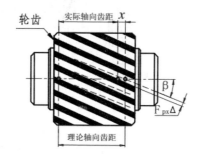

图 6-19 轴向齿距偏差

轴向齿距偏差主要反映斜齿轮的螺旋角误差。在滚齿中，它是由滚齿机差动传动链的调整误差、刀具托板的倾斜、齿坯端面跳动等引起的。此项误差影响斜齿轮齿宽方向上的接触长度，并使宽斜齿轮有效接触齿数减少，从而影响齿轮承载能力，因此宽斜齿轮应该控制此项误差。

6.5.2 接触线误差——ΔF_b

基圆柱切平面与齿面的交线即为接触线，斜齿轮的理论接触线为一根与基圆柱母线夹角为β_b的直线。而实际接触线可能有方向偏差和形状误差。

如图 6-20 所示，接触线误差ΔF_b是指在基圆柱的切平面内，平行于公称接触线并包容实际接触线的两条最近的直线间的法向距离。

在滚齿中，接触线误差主要来源于滚刀误差。滚刀的安装误差（径向跳动、轴线偏斜）引起接触线形状误差，此项误差在端面上表现为齿形误差。滚刀齿形角误差引起接触线方向误差，此项误差也是产生基节偏差的原因。

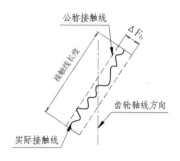

图 6-20　接触线误差

对于窄斜齿轮，用检验接触线误差代替齿向误差。

6.5.3　齿向误差——ΔF_β

如图 6-21 所示，齿向误差ΔF_β是指在分度圆柱面上，齿宽工作部分范围内（端部倒角部分除外），包容实际齿向线的两条最近的设计齿向线之间的端面距离。

齿向误差包括形状误差和齿向线的方向误差。

为了改善齿面接触，提高齿轮承载能力，设计齿向线常采用修正的圆柱螺旋线，包括如图 6-21（b）所示的鼓形齿，如图 6-21（c）所示的齿端修薄及其他修形曲线。

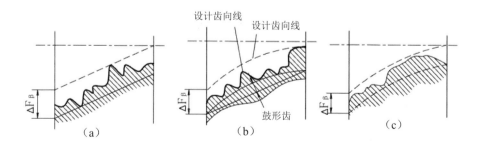

图 6-21　齿向误差

齿向误差主要是由刀架导轨倾斜和齿坯端面跳动引起的。对于斜齿轮，还受机床差动传动链的调整误差影响。

6.6 齿轮副误差及其评定指标

上面所讨论的都是单个齿轮的加工误差。除此之外，齿轮副的安装误差同样影响齿轮传动的使用性能，因此对这类误差也应该加以控制。齿轮副的安装误差有以下几个方面：

6.6.1 齿轮副的中心距偏差——Δf_a

如图 6-22 所示，齿轮副的中心距偏差 Δf_a 是指在齿轮副的齿宽的中间平面内，实际中心距与设计或公称中心距之差。

6.6.2 轴线的平行度误差

除单个齿轮的加工误差，如 ΔF_{px}、ΔF_{β}、ΔF_b、Δf_{pb}、Δf_f 等影响齿面的接触精度外，齿轮副轴线的平行度误差同样也影响接触精度。

如图 6-22 所示，y 方向轴线的平行度误差 Δf_y 是指一对齿轮的轴线，在垂直于基准平面且平行于基准轴线平面上投影的平行度误差；x 方向轴线的平行度误差 Δf_x 是指一对齿轮的轴线，在其基准平面上投影的平行度误差。

Δf_y、Δf_x 均在等于全齿宽的长度上测量。

基准平面是包含基准轴线，并通过由另一轴线与齿宽中间平面相交的点所形成的平面。两条轴线中的任何一条轴线都可以作为基准轴线。

为了考核安装好的齿轮副的传动性能，对齿轮副的精度按下列四项指标评定：齿轮副的切向综合误差 $\Delta F'_{ic}$、切向一齿综合误差 $\Delta f'_{ic}$、接触斑点、侧隙。它们相应地用以评定齿轮副的运动准确性、传动平稳性、齿面接触精度以及侧隙要求。

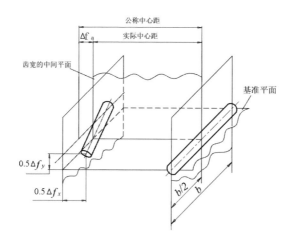

图 6-22　齿轮副的中心距及轴线平行度误差

1. 接触斑点

接触斑点是齿面接触精度的综合评定指标，它是指安装好的齿轮副，在轻微制动下，运转后齿面上分布的接触擦亮痕迹，如图 6-23 所示。

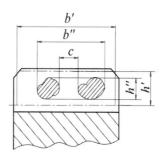

图 6-23　齿轮副的接触斑点

接触痕迹的大小，在齿面展开图上用百分比计算。

沿齿长方向：接触痕迹的长度 b''（扣除超过模数值的断开部分）与工作长度 b' 之比，即

$$\frac{b'' - c}{b'} \times 100\%$$

沿齿高方向：接触痕迹的平均高度 h'' 与工作高度 h' 之比，即

$$\frac{c''}{c'} \times 100\%$$

所谓"轻微制动"，是指既不使轮齿脱离，又不使轮齿和传动装置发生较大变形的制动力时的制动状态。

对较大的齿轮副，一般在安装好的传动装置中检验。对成批生产的拖拉机、机床等中小齿轮，允许在啮合机上与精确齿轮啮合检验。

2. 齿轮副的切向一齿综合误差——$\Delta f'_{ic}$

齿轮副的切向一齿综合误差$\Delta f'_{ic}$是指齿轮副的切向综合误差记录曲线上，小波纹的最大幅度值。

3. 齿轮副的切向综合误差——$\Delta F'_{ic}$

齿轮副的切向综合误差$\Delta F'_{ic}$是指根据设计中心距安装好的齿轮副，啮合转动足够多的转数内，一个齿轮相对于另一个齿轮的实际转角与理论转角的最大差值，以分度圆弧长计值。

4. 齿轮副的法向侧隙——j_n

齿轮副的法向侧隙j_n是齿轮副工作齿面接触时，非工作齿面之间的最小距离，如图 6-24 所示。

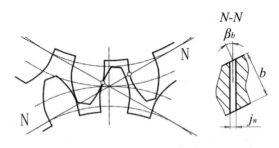

图 6-24　齿轮副的法向侧隙

在生产中也可以检验圆周侧隙，圆周侧隙是指齿轮副中一个齿轮固定时，另一个齿轮的圆周晃动量，以分度圆弧长计。两者的关系为：

$$j_n = j_t \cos\beta_b \cos\alpha \tag{6-1}$$

6.7 渐开线圆柱齿轮精度

6.7.1 精度等级

按照标准 GB 10095-2008 规定，齿轮及齿轮副分为 13 个精度等级，由高到低依次为 0、1、2、3……12 级。齿轮副中两个齿轮一般是取相同的精度等级，也允许取不同的精度等级。根据齿轮各项误差对传动性能的主要影响，将齿轮的各项公差分为Ⅰ、Ⅱ、Ⅲ三个公差组，如表 6-1 所示。

表 6-1 齿轮公差组

公差组	公差与极限偏差项目	对传动性能的主要影响
Ⅰ	F_i'、F_W、F_i''、F_P、F_{Pk}、F_r	传递运动的准确性
Ⅱ	f_i'、f_i''、$f_{f\beta}$、f_{pb}、f_{pt}、f_f	传动的平稳性
Ⅲ	F_{px}、F_β、F_b	载荷分布的均匀性

在生产中没有必要对所有公差项目同时进行检验，而是将同一个公差组内的各项指标分为若干个检验组，根据齿轮副的功能要求和生产批量大小的要求，在各公差组中任选一个检验组来检查齿轮的精度，若不同检验组所得结果不同，即精度等级不同，应当以最低的结果为准。

第Ⅰ公差组的检验组：

（1）径向综合公差F_i''和公法线长度变动公差F_W。

（2）齿圈径向跳动公差F_r和公法线长度变动公差F_W。

（3）切向综合公差F_i'。

（4）周节累积公差F_P和 K 个周节累积公差F_{Pk}（后者仅在必要时才采用）。

（5）齿圈径向跳动公差F_r，仅用于 10～12 级精度。

F_r与F_i''是径向误差的评定指标，周节累积公差F_P和切向综合公差F_i'是综合指标，F_W是切向误差的评定指标。当选择F_W与F_i''组合或F_W和F_r组合验收齿轮时，若其中只有一项超差，则考虑到切向误差与径向误差相互补偿的可能性，可以另外测量周节累积误差ΔF_P，以ΔF_P合格与否作为被检测齿轮合格与否的依据。

对于 10～12 级齿轮，由于加工机床具有足够的精度，因此只须检验齿圈径向跳动公差F_r，而不必检验公法线长度变动公差F_W。

第Ⅱ公差组的检验组：

（1）径向一齿综合公差f_i''。

（2）切向一齿综合公差f_i'，有特殊需要时可以增加检验基节极限偏差f_{pb}。

（3）基节极限偏差f_{pb}和齿形公差f_f。

（4）周节极限偏差f_{pt}和齿形公差f_f。

（5）基节极限偏差f_{pb}和周节极限偏差f_{pt}。

（6）周节极限偏差f_{pt}，仅用于 10～12 级精度。

对于轴向重合度$\varepsilon_\beta >1.25$，6 级以及高于 6 级的斜齿轮或人字齿轮，在第（3）（4）两个检验组中，推荐增加螺旋线波度误差$\Delta f_{f\beta}$的检验。

f_i'和f_i''为综合指标，成批生产中应优先选用。

第（3）检验组适用于展成法的磨齿工艺，此时，f_f主要反映砂轮系统的误差，而f_{pt}则反映机床的分度误差，两者组合可以表示f_i'。

第（4）检验组适用于滚齿、磨齿和剃齿工艺，在磨齿中相当于用f_{pb}代替f_{pt}，在滚剃齿工艺中f_f反映齿轮的齿形误差，f_{pb}反映齿形角误差，两者均是反映f_i'的主要因素。

第（5）检验组适用于多齿数的滚齿工艺，因为f_{pt}可以反映机床周期误差，而f_{pb}反映刀具系统的误差，两者组合可以反映f_i'。

第Ⅲ公差组的检验组：

（1）轴向齿距极限偏差F_{px}和接触线公差F_b，其中接触线公差F_b仅用于$\varepsilon_\beta >1.25$且齿向线不作修正的斜齿轮。

（2）齿向公差F_β。

（3）接触线公差F_b。仅用于轴向重合度≤1.25，此项限不作修正的斜齿轮。

选择检验指标时，应该考虑齿轮的精度、尺寸、生产批量和本单位的检测设备等，如表 6-2 所示列出不同应用领域齿轮常用的检验组，供选择时参考。

表 6-2　检验项目的推荐精度

	测量、分度齿轮	汽轮机齿轮	航空、汽车、机床、牵引齿轮		拖拉机、起重机、一般机器齿轮	
精度等级	3~5	3~6	4~6	6~8	6~9	9~11
第Ⅰ公差组	F_i' （F_P）	F_i' （F_P）	F_P （F_i'）	F_P 与 F_W （F_i' 与 F_W）	F_i'' 与 F_W （F_r 与 F_W）	F_r
第Ⅱ公差组	f_i'（f_{pb} 与 f_f）	f_i'（$f_{f\beta}$）	f_{pb} 与 f_f （f_{pt} 与 f_f）	f_i''（f_{pt} 与 f_f）	f_i''（f_{pt} 与 f_f）	f_{pt}
第Ⅲ公差组	F_β	F_{px}	接触斑点（F_β）	接触斑点（F_β）	接触斑点（F_β）	接触斑点

齿轮副的公差项目有以下 6 项：

（1）切向综合公差F_{ic}'。

（2）x 方向、y 方向轴线平行度公差f_x、f_y。

（3）切向一齿综合公差f_{ic}'。

（4）接触斑点。

（5）中心距极限偏差f_a。

（6）最小、最大极限侧隙$j_{n\min}$、$j_{n\max}$。

各级精度齿轮及齿轮副的公差值按表 6-3 中所列的关系式计算，极限偏差以及公差与齿轮几何参数的关系如表 6-4 所示。

表 6-3　齿轮部分的公差关系式

$F_i' = F_P + f_f$	f_{ic}' 等于两个配对齿轮的 f_i' 之和
F_{ic}' 等于两个配对齿轮的 F_i' 之和	$f_{f\beta} = f_i'\cos\beta$，$\beta$ 为分度圆螺旋角
当两个齿轮的齿数比为大于 3 的整数，选配时 F_{ic}' 可以比计算值压缩 25% 或更多	$F_{px} = F_b = f_x = F_\beta$
$f_i' = 0.6（f_{pt} + f_f）$	$f_y = \dfrac{1}{2}F_\beta$
式中 F_P、F_f、f_{pt}、F_β 由公差表查出	

表 6-4 极限偏差以及公差与齿轮几何参数的关系

精度等级	F_P $A\sqrt{L}+C$		F_W $B\sqrt{d}+C$		F_r $Am+B\sqrt{d}+C$ $B=0.25A$		F_r $Am+B\sqrt{d}+C$ $B=1.4A$		f_f $Am+Bd+C$ $B=0.0125A$		f_i'' $Am+B\sqrt{d}+C$ $B=0.25A$		f_{pt} $Am+B\sqrt{d}+C$ $B=0.25A$		F_β $A\sqrt{b}+C$	
	A	C	A	C	A	C	A	C	A	C	A	C	A	C	A	C
5	1.6	4	0.54	8.7	1.40	18	0.63	7.5	0.4	5	0.63	8	0.40	5	0.8	4
6	2.5	6.3	0.87	14	2.24	28	1	12	0.63	6.3	0.9	11.2	0.63	8	1	5
7	3.55	9	1.22	19.4	3.15	40	1.4	17	1	8	1.25	16	0.90	11.2	1.25	6.3
8	5	12.5	1.7	27	4	50	1.75	21	1.6	10	1.8	22.4	1.25	16	2	10
9	7.1	18	2.4	38	5	63	—		2.5	16	2.24	28	1.8	22.4	3.15	16
10	10	25	3.3	53	6.3	80	—		4	25	2.8	35.5	2.5	31.5	5	25
说明	L为分度圆弧长，m为模数，d为齿轮的分度圆直径，其他几何参数之间的关系如表 6-3 所示															

当齿形角 $\alpha \neq 20°$ 时，对于 F_i''、F_r、f_i''，应将表格中查出的公差值乘以系数 $\sin20°/\sin\alpha$。

精度等级的选择：在一般情况下，齿轮的三个公差组选用相同的精度等级，但标准中规定，根据齿轮使用要求的不同，允许对三个公差组选用不同的精度等级。而在同一组内各项公差与极限偏差应保持相同的精度等级。

各级精度齿轮及齿轮副所规定的各项公差或极限偏差值如表 6-8 至表 6-13 所示，各表均为摘录。

选择齿轮的精度等级时，必须根据其用途、工作条件以及技术要求，如传递功率、圆周速度、运动精度、振动、噪声、工作持续时间以及使用寿命等方面的要求来确定，同时还应考虑工艺的可能性和经济性。

由于齿轮传动的用途和工作条件的不同，对第 I、II、III 公差组的要求也各不相同。通常是根据齿轮传动性能的主要要求，首先确定一个公差组的精度等级，然后再确定齿轮其余的精度等级。

分度、读数齿轮，如精密机床分度机构和仪器读数机构中的齿轮，用于传递精确的角位移，其主要要求是传递运动的准确性，这类齿轮可以根据传动链的运动精度要求，按误差传递规律计算出齿轮一转中允许的最大转角误差，由此定出第一公差组的精度等级，然后再根据工作条件确定其他精度要求。

高速动力齿轮，如气轮机减速器齿轮，用于传递大的动力，其特点是传递功率大、速度高，主要要求传动平稳、噪声及振动小，同时对齿面接触也有较高的要求。对这类齿轮首先根据圆周速度或噪声强度要求确定第Ⅱ公差组的精度等级。通常第Ⅲ公差组的精度等级不宜小于第Ⅱ公差组，第Ⅰ公差组的精度等级也不宜过低，因为齿轮转速高时，一转的传动比变化对传动平稳性也是有影响的。

低速动力齿轮，如轧钢机、矿山机械以及起重机械用的齿轮，其特点是传递功率大、速度低，主要要求是齿面接触良好，而对运动的准确性和传动平稳性则要求不高。对这类齿轮，首先根据强度和寿命要求确定第Ⅲ公差组的精度等级，其次选择第Ⅰ、Ⅱ公差组的精度，因为第Ⅱ公差组的误差如齿形误差、基节误差也有影响齿面接触精度，所以Ⅱ公差组的精度不应过分低于第Ⅲ公差组的精度。一般情况下，低速重载齿轮可以选择第Ⅲ公差组的精度高于第Ⅱ公差组的精度，中、轻载齿轮第Ⅱ、Ⅲ公差组选择同级精度。

如表 6-5 所示为齿轮在不同类型的机械传动中所采用的精度等级。

表 6-5　各种机械传动的齿轮精度等级

机械传动类型	精度等级	机械传动类型	精度等级
矿用绞车	8~10	电气机车	6~7
农业机械	8~10	轧钢机	5~10
起重机械	6~10	轻型汽车	5~8
载重汽车	6~9	航空发动机	4~7
拖拉机	6~9	金属切削机床	3~8
通用减速机	6~8	透平减速机	3~6
内燃机车	6~7	测量齿轮	2~5

如表 6-6 所示为不同精度齿轮的加工方法、工作条件以及应用范围。

表 6-6　各级精度圆柱齿轮传动的加工方法以及应用范围

项目	精　度　等　级					
	4（精密级）	5（精密级）	6（高精度级）	7（比较高的精度级）	8（中等精度级）	9/10（低精度级）
切齿方法	在周期误差非常小的精密机床上用展成法加工	在周期误差小的精密机床上用展成法加工	在高精度的机床上展成加工	在较高精度的机床上展成加工	用展成法或仿形法加工	用展成法或分度法精细加工

续表

项目		精　度　等　级									
		4（精密级）		5（精密级）		6（高精度级）		7（比较高的精度级）		8（中等精度级）		9/10（低精度级）
齿面最后加工		精密磨齿，对软或中硬齿面的大型齿轮，用精密滚齿机滚切后，再研磨或剃齿		精密磨齿，对软或中硬齿面的大型齿轮，用精密滚齿机滚切后，再研磨或剃齿		精密滚齿、磨齿或剃齿		不淬火的齿轮推荐用高精度的刀具进行滚齿、插齿或剃齿，渗碳淬火齿轮必须作最后加工：磨齿、剃齿、精刮齿、剃齿、研磨、珩齿		不磨齿，滚齿、插齿，必要时剃齿、刮齿或珩齿		一般滚齿、插齿工艺，不需要精加工
齿面		硬化	调质	硬化	调质	硬化	调质	硬化	调质	硬化	调质	硬化	调质
Ra/μm		≤0.4	≤0.8	≤0.8	≤1.6	≤0.8	≤1.6	≤1.6	≤3.2	≤3.2	≤6.3	≤3.2	≤6.3
工作条件以及应用范围	机床	高精度和精密的分度链末端齿轮 圆周速度$v>30m/s$的直齿轮 圆周速度$v>50m/s$的斜齿轮		一般精度的分度链末端齿轮 高精度和精密的分度链中间齿轮 圆周速度$v>15m/s\sim30m/s$的直齿轮 圆周速度$v>15m/s\sim30m/s$的斜齿轮		V级精度机床主传动的重要齿轮 一般精度的分度链的中间齿轮 III级精度等级机床的进给齿轮 油泵齿轮 圆周速度$v>10m/s\sim15m/s$的直齿轮 圆周速度$v>15m/s\sim30m/s$的斜齿轮		IV级和IV级以下精度等级机床的进给齿轮 圆周速度$v>6m/s\sim10m/s$的直齿轮 圆周速度$v>8m/s$的斜齿轮		一般精度的机床齿轮 圆周速度$v<6m/s$的直齿轮 圆周速度$v<8m/s$的斜齿轮		没有传动精度要求的手动齿轮
	航空、船舶、车辆	需要很高的平稳性、低噪音的船用和航空用齿轮 圆周速度$v>35m/s$的直齿轮 圆周速度$v>70m/s$的斜齿轮		需要高的平稳性、低噪音的船用和航空用齿轮 圆周速度$v>20m/s$的直齿轮 圆周速度$v>35m/s$的斜齿轮		用于高速传动有平稳性、低噪音要求的机车、航空、船舶和轿车齿轮 圆周速度$v>20m/s$的直齿轮 圆周速度$v>35m/s$的斜齿轮		用于有平稳性、噪音低要求的机车、航空、船舶和轿车齿轮 圆周速度$v>15m/s$的直齿轮 圆周速度$v>25m/s$的斜齿轮		用于中等速度较平稳传动的载重汽车和拖拉机的齿轮 圆周速度$v>10m/s$的直齿轮 圆周速度$v>15m/s$的斜齿轮		用于较低速和噪音要求不高的载重汽车第一档与倒档、拖拉机和联合收割机 圆周速度$v>4m/s$的直齿轮 圆周速度$v>6m/s$的斜齿轮

续表

项目		精　度　等　级					
		4（精密级）	5（精密级）	6（高精度级）	7（比较高的精度级）	8（中等精度级）	9/10（低精度级）
动力传动		用于很高速度的透平传动齿轮 圆周速度 $v>70m/s$ 的斜齿轮	用于高速的透平传动齿轮，重型机械进给机构和高速重载齿轮 圆周速度 $v>30m/s$ 的斜齿轮	用于高速传动的齿轮、工业机器有高可靠性要求的齿轮，重型机械的功率传动齿轮，作业率很高的起重机械齿轮 圆周速度 $v<30m/s$ 的斜齿轮	用于高速和适度功率或大功率和适度速度条件下的齿轮，冶金、矿山、林业、轻工、工程机械、小型工业齿轮箱普通减速机等有可靠性要求的齿轮 圆周速度 $v<15m/s$ 的直齿轮 圆周速度 $v<25m/s$ 的斜齿轮	用于中等速度较平稳传动的齿轮，冶金、矿山、石油、林业、轻工、工程机械、小型工业齿轮箱普通减速机等有可靠性要求的齿轮 圆周速度 $v<10m/s$ 的直齿轮 圆周速度 $v<15m/s$ 的斜齿轮	用于一般性工作和噪音要求不高的齿轮，速度大于开式齿轮传动和转盘齿轮 圆周速度 $v\leqslant4m/s$ 的直齿轮 圆周速度 $v\leqslant6m/s$ 的斜齿轮
其他		检验 7 级精度齿轮的测量齿轮	检验8~9级精度齿轮的测量齿轮、印刷机印刷辊子用的齿轮	读数装置中特别精密传动的齿轮	读数装置的传动、印刷机传动齿轮、非直齿的速度传动齿轮	普通印刷机传动齿轮	
单级传动效率		不低于 0.99，包括轴承时不低于0.985	低于 0.99，包括轴承时不低于0.985	低于 0.99，包括轴承时不低于0.985	低于 0.98，包括轴承时不低于0.975	低于 0.97，包括轴承时不低于0.975	低于 0.96，包括轴承时不低于0.95

如表 6-7 所示为各级精度圆柱齿轮传动的应用范围以及性能参数。

表 6-7　各级精度圆柱齿轮传动的应用范围以及性能参数

机器或设备	齿轮特征	精　度　等　级						
		4	5	6	7	8	9	10
		传动的圆周速度（m/s）						
发动机	任何齿轮	>40	>60	15~60	到15	—	—	—
		>4000	<2000	<2000	<2000	—	—	—
		—	>40	<40	—	—	—	—
		—	2000~4000	2000~4000	—	—	—	—
造船机械	直齿轮	—	—	—	<9~10	<5~6	<2.5~3	0.5
	斜齿轮	—	—	—	<13~16	<8~10	<4~5	
通用减速机	任何齿轮	—	—	—	<12			
煤炭机械	直齿轮	—	—	—	6~10	2~6	<2	低速
	斜齿轮	—	—	—	6~10	4~10	<4	

续表

机器或设备	齿轮特征	精度等级						
		4	5	6	7	8	9	10
		传动的圆周速度（m/s）						
冶金机械	直齿轮	—	—	10~15	6~10	2~6	0.5~2	—
	斜齿轮	—	—	15~30	10~15	4~10	1~4	—
履带式机械	模数<2.5	—	16~28	11~16	7~11	2~7	2	—
	模数6~10	—	13~18	9~13	4~9	<4	—	—
地质勘探机械	直齿轮	—	—	—	6~10	2~6	0.5~2	—
	斜齿轮	—	—	—	10~15	4~10	1~4	—
回转机械	直齿轮	—	—	<15~18	<10~12	<5~6	<2~3	—
	斜齿轮	—	—	<13~36	<20~25	<9~12	<4~6	—
森林机械	任何齿轮	—	—	<15	<10	<6	<2	手动
拖拉机	任何齿轮	—	—	未淬火	淬火	—	—	—

表6-8 有关径向的公差、齿形公差、齿距以及基节极限偏差等（μm）

分度圆直径/mm		法向模数/mm	齿圈径向跳动公差 F_r						齿距极限偏差$\pm f_{pt}$						基节极限偏差$\pm f_{pb}$					
			精度等级																	
大于	到		5	6	7	8	9	10	5	6	7	8	9	10	5	6	7	8	9	10
-	125	≥1~3.5	16	25	36	45	71	100	6	10	14	20	28	40	5	9	13	18	25	36
		>3.5~6.3	18	28	40	50	80	125	8	13	18	25	36	50	7	11	16	22	32	45
		>6.3~10	20	32	45	56	90	140	9	14	20	28	40	56	8	13	18	25	36	50
125	400	≥1~3.5	22	36	50	63	80	112	7	11	16	22	32	45	6	10	14	20	30	40
		>3.5~6.3	25	40	56	71	100	140	9	14	20	28	40	56	8	13	18	25	36	50
		>6.3~10	28	45	63	86	112	160	10	14	22	32	45	63	9	14	20	30	40	60
		>10~16	32	50	71	90	125	180	11	18	25	36	50	71	10	16	22	32	45	63
		>16~25	36	56	80	100	160	224	14	22	32	45	63	90	13	20	30	40	60	80
400	800	≥1~3.5	28	45	63	80	100	125	8	13	18	25	36	50	7	11	16	22	32	45
		>3.5~6.3	32	50	71	90	112	140	9	14	20	28	40	56	8	13	18	25	36	50
		>6.3~10	36	56	80	100	125	160	11	18	25	36	50	71	10	16	22	32	45	63
		>10~16	40	63	90	112	160	200	13	20	28	40	56	80	11	18	25	36	50	71
		>16~25	45	71	100	125	200	250	16	25	36	50	71	##	14	22	32	45	63	90
		>25~40	50	80	112	140	250	315	20	32	45	63	90	##	18	30	40	60	80	112
800	1600	≥1~3.5	32	50	71	90	112	140	9	14	20	28	40	56	8	13	18	25	36	50
		>3.5~6.3	36	56	80	100	125	160	10	16	22	32	45	63	9	14	20	30	40	60
		>6.3~10	44	63	90	112	140	180	11	18	25	36	50	71	10	16	22	32	45	67
		>10~16	45	71	100	125	160	200	13	20	28	40	56	80	11	18	25	36	50	71
		>16~25	50	80	112	140	200	250	16	25	36	50	71	##	14	22	32	45	63	90
		>25~40	56	90	125	160	250	315	20	32	45	63	90	##	18	30	40	60	80	112

续表

分度圆直径/mm		法向模数/mm	齿圈径向跳动公差 F_r						齿距极限偏差 $\pm f_{pt}$						基节极限偏差 $\pm f_{pb}$					
			精度等级																	
大于	到		5	6	7	8	9	10	5	6	7	8	9	10	5	6	7	8	9	10
1600	2500	≥1~3.5	36	56	80	100	125	160	10	16	22	32	45	63	9	14	20	30	40	60
		>3.5~6.3	40	63	90	112	140	180	11	18	25	36	50	71	10	16	22	32	45	67
		>6.3~10	45	71	100	125	160	200	13	20	28	40	56	80	11	18	25	36	50	71
		>10~16	50	80	112	140	180	224	14	22	32	45	63	90	13	20	30	40	60	80
		>16~25	56	90	125	160	224	280	18	28	40	56	80	##	16	25	36	50	71	100
		>25~40	63	100	140	190	280	355	22	36	50	71	100	##	20	32	45	63	90	125
2500	4000	≥1~3.5	40	63	90	112	140	180	11	18	25	36	50	71	10	16	22	32	45	63
		>3.5~6.3	45	70	100	125	160	200	13	20	28	40	56	80	11	18	25	36	50	71
		>6.3~10	50	80	112	140	180	224	14	22	32	45	63	90	13	20	30	40	60	80
		>10~16	56	90	125	160	200	250	16	25	36	50	71	##	14	22	32	45	67	90
		>16~25	63	100	140	180	224	280	18	28	40	56	80	##	16	25	36	50	71	100
		>25~40	80	125	180	224	280	355	22	36	50	71	100	##	20	32	45	63	90	125
-	125	≥1~3.5	6	8	11	14	22	36	10	14	20	28	36	45	22	36	50	63	90	140
		>3.5~6.3	7	10	14	20	32	50	13	18	25	36	45	56	25	40	56	71	112	180
		>6.3~10	8	12	17	22	36	56	14	20	28	40	50	63	28	45	63	80	125	200
125	400	≥1~3.5	7	9	13	18	28	45	11	16	22	32	40	50	32	50	71	90	112	160
		>3.5~6.3	8	11	16	2	36	56	14	20	28	40	50	63	36	56	80	100	140	200
		>6.3~10	9	13	19	28	45	71	16	22	32	45	56	71	40	63	90	112	160	224
		>10~16	11	16	22	32	50	80	18	25	36	50	63	80	45	71	100	125	180	250
		>16~25	14	20	30	45	71	112	22	32	45	63	80	100	50	80	112	140	224	315
400	800	≥1~3.5	9	12	17	25	40	63	13	18	25	36	45	56	40	63	90	112	140	180
		>3.5~6.3	10	14	20	28	45	71	14	20	28	40	50	63	45	71	100	125	160	200
		>6.3~10	11	16	24	36	54	90	16	22	32	45	56	71	50	80	112	140	180	224
		>10~16	13	18	26	40	63	100	20	28	40	56	71	90	56	90	125	160	224	280
		>16~25	16	24	36	56	90	140	25	36	50	71	90	112	63	100	140	180	280	355
		>25~40	21	30	48	71	112	180	32	45	63	90	112	140	71	112	160	200	355	450
800	1600	≥1~3.5	11	17	24	36	56	90	14	20	28	40	50	63	45	71	10	125	160	200
		>3.5~6.3	13	18	20	40	63	100	16	22	32	45	56	71	50	80	112	140	180	224
		>6.3~10	14	20	30	45	71	112	18	25	36	50	63	80	56	90	125	160	200	250
		>10~16	15	22	34	50	80	125	20	28	40	56	71	90	63	100	140	180	224	280
		>16~25	19	28	42	63	100	160	25	36	50	71	90	112	71	112	160	200	280	355
		>25~40	28	36	53	80	125	200	36	50	71	100	125	160	80	125	180	280	355	450

续表

分度圆直径/mm		法向模数/mm	齿圈径向跳动公差 F_r						齿距极限偏差 $\pm f_{pt}$						基节极限偏差 $\pm f_{pb}$					
			精度等级																	
大于	到		5	6	7	8	9	10	5	6	7	8	9	10	5	6	7	8	9	10
1600	2500	≥1~3.5	16	24	36	50	80	125	16	22	32	45	56	71	50	80	112	140	180	224
		>3.5~6.3	17	25	38	56	90	140	18	25	36	50	63	80	56	90	125	160	200	250
		>6.3~10	18	28	40	63	100	160	20	28	40	56	71	90	63	100	140	180	224	280
		>10~16	20	30	45	71	112	180	22	32	45	63	80	100	71	112	160	200	250	315
		>16~25	22	36	53	80	125	200	28	40	56	80	100	125	80	125	180	250	315	400
		>25~40	28	42	63	##	160	250	36	50	71	100	125	160	90	140	200	280	400	500
2500	4000	≥1~3.5	21	32	50	71	112	180	18	25	36	50	63	80	56	90	125	160	200	250
		>3.5~6.3	22	24	53	80	125	200	20	28	40	56	71	90	63	100	140	180	224	280
		>6.3~10	24	26	56	90	140	224	22	32	45	63	80	100	71	112	160	200	250	315
		>10~16	25	38	60	90	140	224	25	36	50	71	90	112	80	125	180	224	280	35
		>16~25	28	45	67	##	160	250	28	40	56	80	100	125	90	140	200	250	315	400
		>25~40	34	50	80	##	200	315	36	50	71	100	125	160	112	180	250	315	400	500

表 6-9 公法线长度变动公差 F_W（μm）

分度圆直径		精 度 等 级					
大于	到	5	6	7	8	9	10
-	125	12	20	28	40	56	80
125	400	16	25	36	50	71	100
400	800	20	32	45	63	90	125
800	1600	25	40	56	80	112	160
1600	2500	28	45	71	100	140	200
2500	4000	40	63	90	125	180	250

表 6-10 齿向公差 F_β（μm）

齿轮宽度/mm		精 度 等 级					
大于	到	5	6	7	8	9	10
-	40	7	9	11	18	28	45
40	100	10	12	16	25	40	63
100	160	12	16	20	32	50	80
160	250	16	19	24	38	60	105
250	400	18	24	28	45	75	120
400	630	22	28	34	55	90	140

表 6-11 中心距极限偏差±f_a值（μm）

第Ⅱ公差组精度等级			5~6	7~8	9~10
f_a			$\frac{1}{2}$IT7	$\frac{1}{2}$IT8	$\frac{1}{2}$IT9
齿轮副的中心距a/mm	大于 6	到 10	7.5	11	18
	10	18	9	13.5	21.5
	18	30	10.5	16.5	26
	30	50	12.5	19.5	31
	50	80	15	23	37
	80	120	17.5	27	43.5
	120	180	20	31.5	50
	180	250	23	36	57.5
	250	315	26	40.5	65
	315	400	28.5	44.5	70
	400	500	31.5	48.5	77.5
	500	630	35	55	87
	630	800	40	62	100
	800	1000	45	70	115
	1000	1250	52	82	130
	1250	1600	62	97	155
	1600	2000	75	115	185
	2000	2500	87	140	220
	2500	3150	105	165	270

表 6-12 轮齿的接触斑点

接触斑点	单位	精 度 等 级					
		5	6	7	8	9	10
按高度不小于	%	55（45）	50（40）	45（35）	40（30）	30	25
按长度不小于	%	80	70	60	50	40	30

注：（1）接触斑点的分布位置应该趋近于齿面中部，齿顶以及两个端部的棱边处不允许接触。
　　（2）括号内的数值，用于轴向$\varepsilon_\beta > 0.8$的斜齿轮。

表 6-13 轴线平行度公差

x 方向轴线平行度公差	$f_x = F_\beta$
y 方向轴线平行度公差	$f_y = \frac{1}{2}F_\beta$

6.7.2 齿轮副侧隙

齿轮副的侧隙由齿轮的工作条件决定，而与齿轮的精度等级无关。例如，汽轮机中的齿轮传动，因工作温度升高，为了保证正常的润滑，避免因为发热而卡死，要求有大的保证侧隙。而对于需要正反转或读数机构中的传动齿轮，为了避免空行程的影响，则要求较小的保证侧隙。

保证齿轮性能要求的前提条件下，设计中所选定的最小极限侧隙j_{nmin}应当足以补偿齿轮传动时由于温度上升所引起的变形并保证正常的润滑。

（1）补偿温度上升而引起的变形所必需的最小侧隙量j_{n1}。

$$j_{n1} = a(a_{l1}\Delta t_1 - a_{l2}\Delta t_2)2\sin\alpha_n \qquad (6-2)$$

式中a为齿轮传动的中心距（mm），a_{l1}、a_{l2}分别为齿轮和箱体材料的线膨胀系数，α_n为法向啮合角，Δt_1、Δt_2分别为齿轮和箱体工作温度与标准温度之差，即

$$\Delta t_1 = t_1 - 20^0, \ \Delta t_2 = t_2 - 20^0 \qquad (6-3)$$

（2）保证正常润滑所必需的最小侧隙量j_{n2}。

j_{n2}取决于润滑方式和齿轮的工作速度。当用油池润滑时，$j_{n2} = (5\sim10)$ m_n(μm)；当用喷油润滑时，对于工作速度$v < 10$m/s的低速传动，$j_{n2} = 10m_n$(μm)；对于$v = (10\sim24)$m/s的中速传动，$j_{n2} = 20m_n$(μm)；对于$v = (25\sim60)$m/s的高速传动，$j_{n2} = 30m_n$(μm)；对于$v > (60)m/s$的超高速传动，$j_{n2} = (30\sim50)$ m_n(μm)。m_n为法向模数，单位是 mm，因此，齿轮副的最小极限侧隙j_{nmin}为：

$$j_{nmin} = j_{n1} + j_{n2} \qquad (6-4)$$

分析时可以把侧隙、齿厚和中心距三者视为尺寸链的三个环，而侧隙为此尺寸链的封闭环，它集中反映了齿厚、中心距等各项误差。因此，控制侧隙的精度指标为：

对齿轮传动是中心距极限偏差$\pm f_a$，由第 II 公差组的精度等级确定；对齿轮是齿厚上、下偏差E_{ss}、E_{si}，或者公法线平均长度上、下偏差E_{ws}、E_{wi}。

下面对齿厚上、下偏差E_{ss}、E_{si}的计算进行分析。

影响齿轮副侧隙的因素是中心距和齿厚偏差。为获得必需的侧隙，可以将其中一个因素固定下来，改变另一个因素。一般采用"基中心距制"，所谓"基中心距制"即在固定中心距极限偏差的情况下，通过改变齿厚偏差的大小从而获得不同的最小间隙。

为了得到设计所要求的最小侧隙，必须使齿轮的齿厚做必要的减薄，即将齿条做必要的径向位移。E_{ss} 保证获得要求的最小极限侧隙 $j_{n\min}$ 外，还应补偿齿轮的加工误差与安装误差。故有以下关系式：

$$E_{ss} = -\left(f_a \tan\alpha_n + \frac{j_{n\min} + K}{2\cos\alpha_n}\right) \qquad (6-5)$$

式中 K 为补偿齿轮加工误差与安装误差所引起的侧隙减小量，K 值由下式确定：

$$K = \sqrt{f_{pb_1}^2 + f_{pb_2}^2 + 2\left(F_\beta \cos\alpha_n\right)^2 + (f_x \sin\alpha_n)^2 + \left(f_y \cos\alpha_n\right)^2}$$

即侧隙减小量与基圆极限偏差 f_{pb}、齿向公差 F_β、轴线在 x 方向的平行度公差 f_x、轴线在 y 方向的平行度公差 f_y 等因素有关。当 $\alpha = 20°$ 时，又因 $f_x = F_\beta$、$f_y = \frac{F_\beta}{2}$，上式可以化简为：

$$K = \sqrt{f_{pb_1}^2 + f_{pb_2}^2 + 2.104 F_\beta^2} \qquad (6-6)$$

齿厚公差 T_s 按下式计算：

$$T_s = \sqrt{F_r^2 + b_r^2} \times 2\tan\alpha_n \qquad (6-7)$$

式中 F_r 为齿圈径向跳动公差，b_r 为切齿径向进刀公差。

b_r 值按齿轮第 I 公差组的精度等级决定，当第 I 公差组的精度为 4 级时，$b_r = 1.26 IT7$；5 级时，$b_r = IT8$；6 级时，$b_r = 1.26 IT8$；7 级时，$b_r = IT9$；8 级时，$b_r = 1.26 IT9$；9 级时，$b_r = IT10$，齿轮分度圆直径查表确定。

齿厚下偏差 E_{si} 按下式计算：

$$E_{si} = -(|E_{ss}| + T_s) \qquad (6-8)$$

标准规定 14 种齿厚极限偏差，代号由 C～S，其偏差值依次递增。每种代号所表示的齿厚偏差值以周节极限偏差 f_{pt} 的倍数表示，如图 6-25 和表 6-14 所示。齿厚上、下偏差分别用两种偏差代号表示，如 HK，表示齿厚上偏差为 H，

$E_{ss} = -8f_{pt}$，齿厚下偏差为K，$E_{si} = -12f_{pt}$，齿厚公差$T_s = E_{ss} - E_{si} = 4f_{pt}$。

齿厚上、下偏差的代号E_{ss}、E_{si}可以通过计算决定。

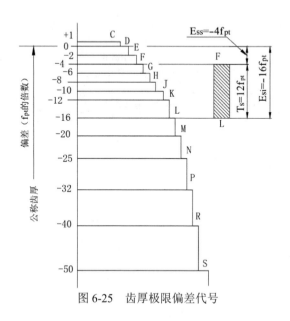

图 6-25 齿厚极限偏差代号

表 6-14 齿厚极限偏差

C = +1f_{pt}	F = −4f_{pt}	J = −10f_{pt}	M = −20f_{pt}	R = −40f_{pt}
D = 0	G = −6f_{pt}	K = −12f_{pt}	M = −25f_{pt}	S = −50f_{pt}
E = −2f_{pt}	H = −8f_{pt}	L = f − 16$_{pt}$	P = −32f_{pt}	

举例：

假设有一个直齿圆柱齿轮副，模数$m = 5$mm，齿形角$\alpha = 20°$，齿宽$b = 52$mm，齿数$Z_1 = 25$、$Z_2 = 55$，工作速度 18m/s。其精度等级为 6 级，齿轮的工作温度$t_1 = 75℃$，箱体的工作温度$t_2 = 50℃$，线膨胀系数为钢齿轮$\alpha_1 = 11.5 \times 10^{-6}$、铸铁箱体$\alpha_2 = 10.5 \times 10^{-6}$。

请确定小齿轮齿厚上、下偏差的代号。

解：（1）计算齿轮副的最小极限侧隙j_{nmin}。

$$j_{n1} = a[\alpha_1(t_1 - 20°) - \alpha_2(t_2 - 20°)] \times 2\sin\alpha$$

$$\alpha = \frac{m(Z_1 + Z_2)}{2} = \frac{5(25 + 55)}{2} = 200\text{mm}$$

$$j_{n1} = 200 \times [11.5 \times 10^{-6} \times (75 - 20) - 10.5 \times 10^{-6} \times (50 - 20)] \times 2\sin20°$$

$$= 0.04343\text{mm} = 43\mu\text{m}$$

该齿轮副工作速度属于中等速度，$j_{n1} = 20m_n = 20 \times 5 = 100\mu\text{m}$

$$j_{n\min} = j_{n1} + j_{n2} = 43\mu\text{m} + 100\mu\text{m} = 143\mu\text{m}$$

（2）确定齿厚上、下偏差E_{ss}、E_{si}的代号。

$$E_{ss} = -\left(f_a\tan\alpha_n + \frac{j_{n\min} + K}{2\cos\alpha_n}\right)$$

$$K = \sqrt{f_{pb_1}^2 + f_{pb_2}^2 + 2.104F_\beta^2}$$

由表 6-8 查得：$f_{pb1} = 11\mu\text{m}$，$f_{pb2} = 13\mu\text{m}$

由表 6-8 查得：$F_\beta = 12\mu\text{m}$

则 $$K = \sqrt{11^2 + 13^2 + 2.104 \times 12^2} = 24.350\mu\text{m}$$

由表 6-11 查得：$f_a = \dfrac{1}{2}$ IT7，$a = 200\text{mm}$，$f_a = 23\mu\text{m}$

$$E_{ss} = -\left(23 \times \tan20° + \frac{143 + 24.350}{2 \times \cos20°}\right) = -97.417\mu\text{m}$$

由表 6-8 查得：$f_{pt} = 13\mu\text{m}$

$$\frac{E_{ss}}{f_{pt}} = \frac{-97.417}{13} = -7.49\mu\text{m}$$

由表 6-14 可得，E_{ss}选H，$H = -8f_{pt} = -104\mu\text{m}$

由式（6-7）得：

$$T_s = \sqrt{F_r^2 + b_r^2} \times 2\tan\alpha$$

齿轮的精度等级为 6 级，$b_r = 1.26\text{IT8}$，小齿轮的分度圆直径$d_1 = 100\text{mm}$，查表 6-15 可得IT8 = 54μm，$b_r = 1.26 \times 54 = 68.04\mu\text{m}$。

表 6-15 标准公差数值（μm）

基本尺寸	IT1	IT2	IT3	IT4	IT5	IT6	IT7	IT8	IT9	IT10	IT11	IT12	IT13	IT14	IT15	IT16	IT17	IT18
≤3	0.8	1.2	2	3	4	6	10	14	25	40	60	100	140	250	400	600	1000	1400
>3~6	1	1.5	2.5	4	5	8	12	18	30	48	75	120	180	300	480	750	1200	1800
>6~10	1	1.5	2.5	4	6	9	15	22	36	58	90	150	220	360	580	900	1500	2200
>10~18	1.2	2	3	5	8	11	18	27	43	70	110	180	270	430	700	1100	1800	2700
>18~30	1.5	2.5	4	6	9	13	21	33	52	84	130	210	330	520	840	1300	2100	3300
>30~50	1.5	2.5	4	7	11	16	25	39	62	100	160	250	390	620	1000	1600	2500	3900
>50~80	2	3	5	8	13	19	30	46	74	120	190	300	460	740	1200	1900	3000	4600
>80~120	2.5	4	6	10	15	22	35	54	87	140	220	350	540	870	1400	2200	3500	5400
>120~180	3.5	5	8	12	18	25	40	63	100	160	250	400	630	1000	1600	2500	4000	6300
>180~250	4.5	7	10	14	20	29	46	72	115	185	290	460	720	1150	1850	2900	4600	7200
>250~315	6	8	12	16	23	32	52	81	130	210	320	520	810	1300	2100	3200	5200	8100
>315~400	7	9	13	18	25	36	57	89	140	230	360	570	890	1400	2300	3600	5700	8900
>400~500	8	10	15	20	27	40	63	97	155	250	400	630	970	1550	2500	4000	6300	9700
>500~630	9	11	16	22	32	44	70	110	175	280	440	700	1100	1750	2800	4400	7000	11000
>630~800	10	13	18	25	36	50	80	125	200	320	500	800	1250	2000	3200	5000	8000	12500
>800~1000	11	15	21	28	40	56	90	140	230	360	560	900	1400	2300	3600	5600	9000	14000
>1000~1250	13	18	24	33	47	66	105	165	260	420	660	1050	1650	2600	4200	6600	10500	16500
>1250~1600	15	21	29	39	55	78	125	195	310	500	780	1250	1950	3100	5000	7800	12500	19500
>1600~2000	18	25	35	46	65	92	150	230	370	600	920	1500	2300	3700	6000	9200	15000	23000
>2000~2500	22	30	41	55	78	110	175	280	440	700	1100	1750	2800	4400	7000	11000	17500	28000
>2500~3150	26	36	50	68	96	135	210	330	540	860	1350	2100	3300	5400	8600	13500	21000	33000

由表 6-8 查得 $F_r = 45\mu m$，则：

$$T_s = \sqrt{45^2 + 68.04^2} \times 2 \times \tan 20° = 59.4\mu m$$

由式（6-8）得：

$$E_{si} = E_{ss} - T_s = -104 - 59.4 = -163.40\mu m$$

$$\frac{E_{si}}{f_{pt}} = \frac{-163.40}{13} = -12.57\mu m$$

由表 6-14 可得，E_{si} 选 K，$K = -12f_{pt} = -156\mu m$。

齿厚极限偏差代号可以根据齿轮的模数、齿数查表 6-16 得到。

表 6-16 齿厚极限偏差代号

II组精度等级	法向模数/mm	精度等级													
		≤80	>80~125	>125~180	>180~250	>250~315	>315~400	>400~500	>500~630	>630~800	>800~1000	>1000~1250	>1250~1600	>1600~2000	>2000~2500
5	≥1~3.5	LM	LM	LM	MN	MN	NP	NP	NP	NP	NP	NP	PR	RS	RS
	>3.5~6.3	JK	KL	KL	LM	LM	LM	MN	MN	MN	NP	NP	PR	PR	RS
	>6.3~10	JK	JK	KL	KL	LM	LM	LM	LM	LM	MN	NP	PR	PR	PR
	>10~16			JK	KL	KL	LM	LM	LM	LM	MN	MN	NP	NP	PR
	>16~25			HJ	JK	JL	KL	KL	KL	LM	LM	LM	MN	MN	NP
6	≥1~3.5	JK	JL	JL	KM	KM	LN	LN	LN	LN	LN	MP	NR	NR	PS
	>3.5~6.3	GJ	HK	HK	JL	JL	KM	KM	LN	LN	LN	MP	MP	NR	NR
	>6.3~10	GJ	HK	HK	HK	HK	JL	JL	JL	KM	LN	LN	MP	MP	NR
	>10~16			GJ	HK	HK	HK	HL	JL	KM	KM	LN	LN	MP	MP
	>16~25			GJ	GJ	HK	HJ	HK	HK	HK	JL	KL	LM	LN	LN
7	≥1~3.5	HK	HK	HK	HK	JM	KM	JL	KM	KM	LN	LN	MP	MP	NP
	>3.5~6.3	GJ	GJ	GJ	HK	HK	HK	JL	JL	KM	KM	LN	LN	LN	MN
	>6.3~10	GJ	GJ	GJ	GJ	HK	HK	HK	HK	JL	KM	KM	LN	LN	MN
	>10~16			GJ	GJ	GJ	HK	HK	HK	HK	JL	KL	KM	LM	LM
	>16~25			FG	FH	GJ	GJ	GJ	GJ	HK	HK	HK	JL	KL	KL
8	≥1~3.5	GJ	GJ	GK	HL	HL	HL	HL	HL	JM	JM	KM	LN	LN	LN
	>3.5~6.3	FH	GJ	GJ	GJ	GJ	GJ	HK	HK	HL	HL	JM	KM	KM	LN
	>6.3~10	FH	FH	FH	GJ	GJ	GJ	GJ	GJ	HK	HL	HL	JM	KM	KM
	>10~16			FH	FH	GJ	GJ	GJ	GJ	GJ	HL	HL	JL	JL	KM
	>16~25			FG	FG	FG	FG	FH	GJ	GH	GJ	GJ	HK	HK	JL

续表

II组精度等级	法向模数/mm	精度等级													
		≤80	>80~125	>125~180	>180~250	>250~315	>315~400	>400~500	>500~630	>630~800	>800~1000	>1000~1250	>1250~1600	>1600~2000	>2000~2500
9	≥1~3.5	FH	GJ	GJ	GJ	GJ	HK	HK	HK	HK	HK	JK	KM	KM	KM
	>3.5~6.3	FG	FG	FH	FH	GJ	GJ	GJ	GJ	HK	HK	HK	JL	JL	KM
	>6.3~10	FG	FG	FG	FH	FH	GJ	GJ	GJ	GJ	GJ	HK	HK	JL	JL
	>10~16		FG	FG	FH	FH	FG	GH	GH	GJ	GJ	HK	HL	JL	
	>16~25			FG	FG	FG	FG	FG	FG	FG	GH	GJ	GJ	GJ	HK
10	≥1~3.5	FH	FH	FH	FH	GJ	GJ	GK	GK	GK	HK	HK	HK	JL	JL
	>3.5~6.3	FG	FG	FH	FH	FG	GJ	GK	GK	GK	HK	HK	JL	JL	
	>6.3~10	EF	FG	FH	FG	FG	FH	FH	FH	FH	GJ	GJ	HK	HK	
	>10~16		FG	FG	FG	FH	FH	FH	FH	GJ	GJ	HK	HK		
	>16~25			EF	EF	FG	FG	FG	FG	FG	FH	FH	GJ	GJ	GJ

注：（1）本表不属于国家标准内容，仅供参考，本表代号主要取自《通用减速机行业标准》。

（2）公法线平均长度极限偏差可以根据本表代号确定的齿厚极限偏差数值以及表（35.2~50 齿厚极限偏差）的注计算确定。

大模数齿轮，在生产中通常测量齿厚。中、小模数齿轮，在成批生产中一般测量公法线长度。公法线平均长度上、下偏差以及公差E_{Ws}、E_{Wi}、T_W 与齿厚上、下偏差以及公差E_{ss}、E_{si}、T_s的换算关系为：

1. 对外齿轮

$$E_{Ws} = E_{ss}\cos\alpha_n - 0.72F_r\sin\alpha_n \qquad (6-9)$$

$$E_{Wi} = E_{si}\cos\alpha_n + 0.72F_r\sin\alpha_n \qquad (6-10)$$

$$T_W = T_s\cos\alpha_n - 1.44F_r\sin\alpha_n \qquad (6-11)$$

以上三个关系式，右边引入第二项是考虑几何偏心$e_几$对侧隙影响的缘故，$e_几$使各齿侧隙发生变化，有的齿槽侧隙缩小，有的齿槽侧隙增大，而公法线长度偏差是反映不出$e_几$的影响的。为了保证每个齿槽的侧隙均在规定范围内，故将公法线长度偏差的验收界限变窄$0.72F_r\sin\alpha_n$。

2. 对内齿轮

$$E_{Ws} = -E_{si}\cos\alpha_n - 0.72F_r\sin\alpha_n \qquad (6-12)$$

$$E_{Wi} = -E_{ss}\cos\alpha_n + 0.72F_r\sin\alpha_n \qquad (6-13)$$

6.7.3 量柱（球）测量跨距

将两个量柱(球)放入沿直径相对的两个齿槽中,对外齿轮测量两个量柱(球)外侧面间的距离值, 如图 6-26 所示; 对内齿轮测量内侧面间的距离值, 如图 6-27 所示, 用以控制齿轮的齿厚。

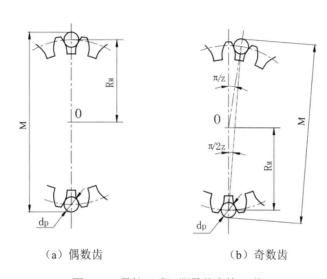

（a）偶数齿　　　　　　　　（b）奇数齿

图 6-26　量柱（球）测量外齿轮 M 值

测量跨距 M 值, 不用齿顶圆作定位基准, 方便简单, 测量结果较准确。本方法主要用于内齿轮或小模数齿轮的测量。

1. 量柱（球）直径

当改变量柱（球）的直径 d_p 时，其与齿面的接触点的位置发生变化，但对于渐开线齿轮所得公式均为非超越方程，因此，测量时可以自由地选择量柱（球）直径，但应该注意：

（1）量柱（球）应该与齿面两侧的渐开线齿面接触,而不是与齿槽底面相碰。

（2）量柱（球）的直径应该足够大，以使其外表面高于齿顶，便于测量。

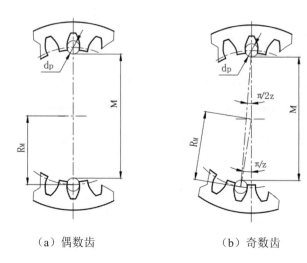

（a）偶数齿　　　　　　　（b）奇数齿

图 6-27　量柱（球）测量内齿轮 M 值

当要求量柱（球）与齿面的接触点的位置一定时，可以推导出计算直径 d_p 的公式。一般情况下，只要满足上述两个限制条件即可。

对于外齿轮，一般取 $d_p = 1.92m$ 或 $1.728m$ 或 $1.68m$。当 $d_p = 1.728m$ 时，量柱（球）与啮合节圆附近的齿面接触，这是较好的接触部位。

对于内齿轮，一般取 $d_p = 1.68m$，若取 $d_p = 1.44m$，则量柱（球）的外表面将低于齿顶。

2. 直齿圆柱齿轮

对于直齿圆柱齿轮，量柱与齿面接触为一直线，测量更加方便，任选量柱直径 d_p 时都能得到准确的测量结果。

计算公式如下：

偶数齿：$M_偶 = 2R_M \pm d_p$　　　　　　　　　　　　　　　（6 - 14）

奇数齿：$M_奇 = 2R_M\cos\left(\dfrac{\pi}{2z}\right) \pm d_p$　　　　　　　　　（6 - 15）

式中 "+" 号用于外齿轮，"－" 号用于内齿轮。

量柱（球）中心到齿轮中心 O 的距离 R_M 可以从图 6-28 中很方便地求出：

$$R_M = \frac{d}{2} \times \frac{\cos\alpha}{\cos\alpha_M} \qquad (6-16)$$

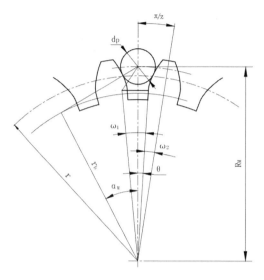

图 6-28 R_M 值的计算

式中 d 为齿轮分度圆直径，α_M 为量柱（球）中心在渐开线上的压力角。

$$inv\alpha_M = \theta \pm \omega_1 \pm \omega_2 \mp \frac{\pi}{2} \qquad (6-17)$$

式中：

$$\theta = inv\alpha$$

$$\omega_1 = \frac{d_p}{d_b}, \quad d_b = mz\cos\alpha$$

$$\omega_2 = \frac{s}{d} = \left(\frac{\pi}{2} \pm 2x\tan\alpha\right)/z$$

$$inv\alpha_M = inv\alpha \pm \frac{d_p}{d_b} + \frac{2x\tan\alpha}{z} \mp \frac{\pi}{2z}$$

式中上面一组符号用于外齿轮，下面一组符号用于内齿轮。$inv\alpha$ 值见附录一。

3. 斜齿圆柱齿轮

偶数齿的斜齿轮，均用双量柱（球）测量，如图 6-26 和图 6-27 所示。而对于奇数齿的斜齿轮，当螺旋角$\beta = 45°$附近时，若仍然用双圆柱（球）测量 M 值，在千分尺正常倾斜的情况下，没有极值，故不能用双量柱（球）测量，必须改为三量柱（球）测量，如图 6-29 所示。

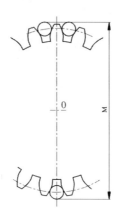

图 6-29　三量柱（球）测量 M 值

偶数齿双量柱测量或奇数齿三量柱测量时 M 值的计算公式为：

$$M_{偶} = 2R_M \pm d_p \qquad (6-18)$$

对于螺旋角不太大的奇数齿斜齿轮，可以用双量柱（球）测量，其 M 值可以按下式进行计算：

$$M_{奇} = R_M \cos\left(\frac{\pi}{2z}\right) \pm d_p \qquad (6-19)$$

以上二式中"+"号用于外齿轮，"−"号用于内齿轮，二式中的R_M按下式计算：

$$R_M = \frac{d}{2} \times \frac{\cos\alpha}{\cos\alpha_M}$$

$$inv\alpha_{Mt} = inv\alpha_t \pm \frac{d_p}{m_n z \cos\alpha_n} + \frac{2x_n \tan\alpha_n}{z} \mp \frac{\pi}{2z} \qquad (6-20)$$

式中 d 为分度圆直径，α_{Mt}为量柱（球）中心的渐开线端面压力角，α_t 为斜齿轮分度圆端面压力角，α_n 为斜齿轮分度圆法向压力角，x_n 为斜齿轮法向变位系数。

式中正负号，上面一组用于外齿轮，下面一组用于内齿轮。

如表 6-17 所示是内齿圆柱齿轮测量跨距M的下偏差$\Delta_i M$与下偏差$\Delta_s M$的值。

表 6-17　内齿圆柱齿轮测量跨距M的偏差——下偏差$\Delta_i M$与下偏差$\Delta_s M$（μm）

精度等级	模数 m_n/mm	分度圆直径　d/mm							
		40~100		>100~200		>200~400		>400~800	
6	1~2	+230	+320	+260	+350	+320	+440	+380	+530
	2.5~4	+260	+350	+290	+410	+350	+470	+440	+580
	5~6	+320	+410	+350	+470	+410	+530	+500	+640
	8~10	+380	+500	+410	+530	+470	+610	+560	+730
7	1~2	+260	+410	+320	+470	+380	+560	+440	+670
	2.5~4	+320	+470	+380	+560	+440	+640	+500	+760
	5~6	+380	+530	+410	+580	+500	+700	+560	+820
	8~10	+440	+610	+470	+640	+530	+730	+61	+880
8	1~2	+290	+530	+350	+610	+410	+730	+500	+940
	2.5~4	+350	+610	+410	+670	+470	+790	+560	+990
	5~6	+410	+670	+460	+760	+530	+850	+610	+1080
	8~10	+470	+760	+530	+850	+580	+940	+670	+1140
9	1~2	+380	+820	+470	+940	+560	+1110	+670	+1400
	2.5~4	+440	+910	+530	+1020	+610	+1200	+730	+1490
	5~6	+500	+990	+580	+1110	+670	1250	+790	+1580
	8~10	+580	+1080	+640	+1200	+730	+1370	+850	+1670

如表 6-18 所示是齿厚上偏差与最小侧隙之间的关系式。

表 6-18　齿厚上偏差与最小侧隙之间的关系式

项目	代号	公式
误差补偿值	K	$K = \sqrt{f_{pb_1}^2 + f_{pb_2}^2 + 2\left(F_\beta \cos\alpha_n\right)^2 + (f_x \sin\alpha_n)^2 + (f_y \cos\alpha_n)^2}$
齿厚上偏差	E_{ss}	$E_{ss} = -\left(f_a \tan\alpha_n + \dfrac{j_{nmin} + K}{2\cos\alpha_n}\right)$
公法线长度上偏差	E_{Ws}	$E_{Ws} = E_{ss}\cos\alpha_n - 0.72 F_r \sin\alpha_n$
量柱跨距上偏差	E_{Ms}	$E_{Ms} = \dfrac{E_{Ws}}{\sin\alpha_{Mt}\cos\beta_b}$（偶数齿）　$E_{Ms} = \dfrac{E_{Ws}}{\sin\alpha_{Mt}\cos\beta_b}\cos\dfrac{\pi}{2z}$（奇数齿）

如表 6-19 所示是齿轮副啮合最小侧隙j_{nmin}参考值。

表 6-19　齿轮副啮合最小侧隙j_{nmin}参考值

类别	中心距/mm														
	≤80	>80~125	>125~180	>180~250	>250~315	>315~400	>400~500	>500~630	>630~800	>800~1000	>1000~1250	>1250~1600	>1600~2000	>2000~2500	>2500~4000
较小侧隙	74	87	100	115	130	140	155	175	200	230	260	310	370	440	600
中等侧隙	120	140	160	185	210	230	250	280	320	360	420	500	600	700	950
较大侧隙	190	220	250	290	320	360	400	440	500	550	660	780	920	1100	1500

6.7.4 齿坯精度

齿坯的内孔、顶圆和端面通常作为齿轮的加工、测量和装配的基准，它们的精度对齿轮的加工、测量和装配有很大的影响，所以必须给它们规定公差。齿坯各部分公差值如表 6-20 所示确定。

表 6-20 齿坯公差

精度等级		5	6	7	8	9	10
孔	尺寸公差 形状公差	IT5	IT6	IT7	IT7	IT8	IT8
轴	尺寸公差 形状公差	IT5	IT5	IT6	IT6	IT7	IT7
齿顶圆直径[①]		IT7	IT8	IT8	IT8	IT9	IT9

分度圆直径/mm		齿坯基准面径向和端面跳动公差（μm）		
		精度等级		
大于	到	5~6	7~8	9~10
—	125	11	18	28
125	400	14	22	36
400	800	20	32	50
800	1600	28	45	71
1600	2500	40	63	10
2500	4000	63	100	160

注：IT 为标准公差单位。
当三个公差组的精度等级不相同时，按最高的精度等级确定公差值。
①当齿顶圆不作为测量齿厚的基准时，尺寸公差按 IT11 给定，但是不大于 $0.1m_n$。
②当齿顶圆作为测量齿厚的基准时，本表中的齿顶圆直径公差指的是齿顶圆的径向跳动。

6.7.5 齿轮精度的标注

在齿轮工作图上应该标注齿轮的精度等级和齿厚极限偏差的字母代号。

标注示例如下：

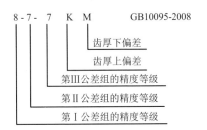

当齿厚采用非标准偏差时，如齿厚上偏差为$-65f_{pt}$，下偏差为$-85f_{pt}$，上、下偏差的值分别为$-390\mu m$和$-510\mu m$，可以标注如下：

$$6 \begin{pmatrix} -0.390 \\ -0.510 \end{pmatrix} \quad \text{GB10095-2008}$$

├─── 齿厚上、下偏差

└─── 第Ⅰ、Ⅱ、Ⅲ公差组的精度等级

第七章　齿轮用材料以及热处理

7.1　齿轮传动的失效形式

实践证明齿轮传动失效主要发生在轮齿上，其主要的失效形式有以下几种。

7.1.1　轮齿折断

齿轮在传递动力时齿的根部将产生较大的弯曲应力，齿应力随着时间的变化而变化。对于单向转动的齿轮，齿应力为脉动循环应力；对于双向转动的齿轮，齿应力为对称循环应力。一般情况下，轮齿的折断可以分为疲劳折断和过载折断两种情况。

1. 疲劳折断

轮齿的受力可以看成是悬臂梁，齿根部的弯曲应力较大，当齿轮单向运转时，轮齿弯曲应力按对称循环变化，而当轮齿在过高的交变应力多次作用下，齿根处将形成疲劳裂纹并不断地扩展，从而导致轮齿的疲劳折断。对宽度较小的传动，其一般沿整个齿宽折断，对接触线倾斜的斜齿轮或人字齿轮，以及齿宽较宽的直齿轮多发生轮齿的局部折断，如图 7-1 所示。

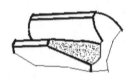

图 7-1　轮齿折断

2. 过载折断

过载折断通常是指由于短时的严重过载所造成的轮齿折断。

轮齿折断是一种灾难性的失效，一旦发生断齿传动即彻底失效。

为了提高轮齿的抗折断能力，可以采用下列措施：

（1）用增大齿根过渡圆弧半径和消除加工刀痕的方法来减小齿根的应力集中。

（2）增大轴以及支承部件的刚度，使轮齿接触线上受力均匀。

（3）采用合适的热处理方法，使齿轮芯部材料具有足够的韧性。

（4）采用喷丸、滚压等工艺措施对齿根表面进行强化处理。

7.1.2 齿面塑性变形

当齿面硬度不高而又受到较大接触应力时，在摩擦力的作用下，齿面材料会沿着摩擦力方向发生塑性流动而使渐开线齿形遭到破坏。根据主、从动轮齿面上的摩擦力方向塑性变形后，主动轮的工作齿面沿节线处会出现沟痕，而从动齿轮的齿面节线处会出现凸棱，如图 7-2 所示。

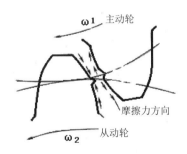

图 7-2　齿面塑性变形

防止塑性变形的措施有提高轮齿表面硬度、增加润滑油的黏度、改善润滑状况、避免频繁启动和过载等。

7.1.3 齿面磨损

互相啮合的两个齿廓表面间有相对滑动，在载荷作用下会引起齿面的磨损，尤其在开式齿轮传动中，由于灰尘沙粒等硬颗粒容易进入齿面间而发生磨损，一方面齿面严重磨损后轮齿将失去正确的齿形，会导致严重噪音和振动；另一方面使轮齿变薄，可以间接导致轮齿折断，影响轮齿的正常工作，最终使传动失效，如图 7-3 所示。

图 7-3　齿面磨损

齿面磨损是开式齿轮传动的主要失效形式之一。

提高齿面抗磨损能力的措施：

（1）合理选择润滑油、润滑方式和添加剂，使轮齿啮合区得到良好润滑。

（2）注意润滑油的清洁和更换，改善密封形式和加设润滑油的过滤装置。

（3）适当提高齿面硬度和降低齿面粗糙度值。

（4）改用闭式齿轮传动，以避免磨粒磨损。

综上所述，开式齿轮传动的主要失效形式是齿面磨损和轮齿折断，而闭式软齿面齿轮传动的主要失效形式是面点蚀和胶合，闭式硬齿面齿轮传动的主要失效形式是轮齿折断。

7.1.4 齿面疲劳点蚀

轮齿在啮合时，齿面实际上只是一小面积接触，并在接触表面上产生较大的接触应力，此接触应力按脉动循环变化，当接触应力超过齿面材料的接触疲劳极限时，在载荷的多次重复作用下，齿面表层将产生微小的疲劳裂纹，随着工作的继续，疲劳裂纹将逐渐扩展，导致金属微粒剥落，形成凹坑，这种现象称为疲劳点蚀。实践表明，齿面点蚀首先出现在齿面节线附近的齿根部分，如图 7-4 所示。发生点蚀时齿廓形状遭到破坏，齿轮在啮合过程中会产生剧烈的振动，噪音增大，以至于齿轮不能正常工作而使传动失效。

图 7-4　齿面疲劳点蚀

提高齿面硬度、接触精度以及润滑油黏度、进行合理的变位等措施，均能提高齿面抗点蚀能力。

7.1.5　齿面胶合

在高速重载的齿轮传动中，如果润滑不良或齿面压力过大会引起油膜破裂，致使齿面金属直接接触，在局部接触区产生高温融化或软化而引起相互粘结，当两个轮齿相互滑动时，较软的齿面沿滑动方向被撕出沟纹，这种现象称为胶合，如图 7-5 所示。

图 7-5　齿面胶合

一般来说，胶合总是在重载条件下发生的，按其形成的条件不同，可以分为热胶合和冷胶合。热胶合发生于高速重载齿轮传动中，由于齿面的相对滑动速度高，导致啮合区温度升高，使齿面油膜破裂，造成两个齿面金属直接接触而发生胶合。冷胶合发生于低速重载的齿轮传动中，虽然齿面的瞬时温度并没有明显提高，但是由于齿面接触处的局部压力过大，而且齿面的相对滑动速度低，不易形成润滑油膜，使两个齿面金属直接接触而发生胶合。

提高齿面硬度和表面精度、采用抗胶合能力强的润滑油、选用抗胶合性能好的齿轮副材料、采用合理的变位等，均能够提高齿轮传动的抗胶合能力。

7.2　齿轮传动的设计准则

设计齿轮传动时，应根据实际工作条件分析其可能发生的主要失效形式，选择相应的齿轮传动强度计算准则，但是对于齿面磨损、塑性变形等尚未形成相应的设计准则。齿轮在具体的工作情况下，必须具有足够的相应的工作能力，保证在整个工作寿命期间内不发生失效，所以，目前在齿轮传动设计中通常只按保证齿根弯曲疲劳强度和齿面接触疲劳强度进行设计，而对于高速重载齿轮传动，如航空发动机主传动、汽车发电机组传动等，还要按保证齿面抗胶合能力的准则进行设计。至于抵抗其他失效的能力，目前虽然不进行计算，但应该采取相应的措施，以增强轮齿抵抗这些失效的能力。

对于闭式齿轮传动，因为齿面点蚀和轮齿弯曲折断均可能发生，因此需要同时计算齿面接触疲劳强度和齿根弯曲疲劳强度。对于闭式软齿面（HBS≤350），齿轮传动的主要失效形式是齿面点蚀，目前一般的设计方法是按齿面接触疲劳强度设计公式确定齿轮的主要尺寸，然后再校核齿根的弯曲疲劳强度。闭式硬齿面（HBS>350）齿轮传动的主要失效形式是轮齿折断，故应该先按齿根弯曲疲劳强度设计，再校核齿面接触疲劳强度。但是对于齿面硬度很高、齿心强度又低的齿轮，如用 20、20Cr 等钢经渗碳后淬火的齿轮，通常则以保证齿根弯曲疲劳强度为主。如果两个齿轮均是硬齿面，而且齿面硬度一样高时，则视具体情况而定。

开式或半开式齿轮传动的主要失效形式是齿面磨损和齿根弯曲疲劳折断，故应按齿根弯曲疲劳强度以及齿面抗磨损能力进行设计，但是齿面抗磨损能力的计算方法迄今尚不够完善，因此对开式、半开式齿轮传动，目前仅以保证齿根弯曲疲劳强度作为设计准则，为了延长开式或半开式齿轮传动的寿命，并考虑磨损影响，将强度计算所得的模数适当增加 10%～20%。

7.3 齿轮常用材料及热处理

根据齿轮失效形式的分析可知，齿轮材料应该具备如下性能：

（1）齿面有足够的硬度，以获得较高的抗点蚀、抗磨损、抗胶合的能力。

（2）齿轮心部有足够的韧性，以获得较高的抗弯曲和抗冲击载荷的能力。

（3）具有良好的加工工艺性和热处理性能。

目前工程上常用的齿轮材料是锻造钢，如各种碳素结构钢和合金结构钢，其次是铸铁、铸钢。在某些情况下也可以采用有色金属和非金属材料。

7.3.1 锻钢

锻造钢的机械强度高，除尺寸大、形状复杂的齿轮外，大多数齿轮都用锻造钢制造。按其齿面硬度不同，可以分为两大类：

（1）软齿面齿轮。

齿面硬度 HBS≤350 的齿轮为软齿面齿轮，这类齿轮通常由中碳钢（45 钢、35 钢等）或中碳合金钢（40Cr、35SiMn 等）经正火或调质处理后加工而成。由于小齿轮转速高、受力次数多，所以设计时应使小齿轮齿面硬度比大齿轮高 30～50HBS。软齿面齿轮的综合性能较好，加工工艺简单，成本低，通常用于对尺寸和重量无严格限制的一般机械传动中。

（2）硬齿面齿轮。

齿面硬度 HBS>350 的齿轮为硬齿面齿轮。这类齿轮通常由 20 钢、20Cr、20CrMnTi 等钢经表面渗碳淬火处理，45 钢、40Cr 等表面淬火或整体淬火处理。齿面硬度可以达到 HRC45～62。由于齿面硬度较高，这类齿轮先进行切齿加工，后进行热处理，然后还需对齿轮进行磨齿等精加工，以消除热处理引起的轮齿变形。由于加工工艺复杂，成本高，硬齿面齿轮通常用于高速、重载、精度高以及结构紧凑的传动中。

7.3.2 铸钢

当齿轮尺寸较大，如齿顶圆直径大于 400～600mm，或者结构较复杂，轮坯不宜锻造时，可以采用铸钢。铸钢的耐磨性和强度均较好，但由于铸造时内应力较大，轮坯加工前应经过正火或退火处理，也可以进行调质处理。

7.3.3 铸铁

铸铁抗弯强度、抗冲击和耐磨性能较差，但抗胶合和点蚀能力较好，成本低，因此用于低速、轻载、大尺寸和开式齿轮传动中。常用的铸铁型号有 HT200、HT300、QT500-7 等。

7.3.4 非金属材料

对于高速、轻载、噪声小以及精度不高的齿轮传动，可以采用夹布塑胶、尼龙等非金属材料制造小齿轮。非金属材料的弹性模量较小，可以减轻因为制造和安装不精确引起的不利影响，并使传动时的噪声小。由于非金属材料的导热性和耐热性差，与其啮合的配对大齿轮仍然采用钢或铸铁制造，有利于散热，为了使大齿轮具有足够的抗磨损以及抗点蚀能力，齿面的硬度一般为250～350HBS。

高速、轻载、精度要求不高的齿轮传动中，齿轮可以用非金属材料制作，如尼龙、夹布塑胶等。

如表 7-1 所示为常用齿轮钢材的力学性能。

如表 7-2 所示为齿轮用 45#、铸铁与铸钢材料的力学性能。

如表 7-3 所示为齿轮工作面硬度及其组合的应用举例。

如表 7-4 所示为调质以及表面淬火齿轮用钢的选择。

如表 7-5 所示为渗碳齿轮用钢的选择。

如表 7-6 所示为渗氮齿轮用钢的选择。

如表 7-7 所示为齿轮毛坯预备热处理工艺。

如表 7-8 所示为改善渗碳齿轮毛坯切削性能的不完全淬火工艺。

如表 7-9 所示为齿轮渗碳层深度推荐值。

如表 7-10 所示为常用钢材离子氮化后的渗氮层深度和硬度。

如表 7-11 所示为几种常用材料软氮化层深度及表面硬度。

如表 7-12 所示为几种常用材料离子氮化后的表面硬度与氮化层深度。

如表 7-13 所示为表面淬火齿轮硬化层以及心部的技术要求。

如表 7-14 所示为表面淬火硬化层深度的确定。

如表 7-15 所示为齿轮渗层表面碳/氮的质量分数、心部硬度以及表层组织参考数值。

表 7-1 常用齿轮钢材的力学性能

材料	热处理种类	尺寸		力学性能					硬度
		截面直径 d/mm	壁厚 s/mm	σ_b (N/mm²)	σ_s (N/mm²)	δ_5 (%)	ψ (%)	α_{kU} (J/cm²)	HBS
40Cr	调质	100~300	50~150	≥686	≥490	≥14	≥45	≥39	241~286
		300~500	150~250	≥637	≥441	≥10	≥35	≥29.4	229~269
		500~800	250~400	≥588	≥343	≥8	≥30	≥19.2	217~255
40Cr	C-N 共渗淬火、回火	<40	<20	1373~1569	1177~1373	7	25	-	43~53HRC
42CrMo	调质	40~100	20~50	883~1020	>686	≥12	≥50	49.0~68.6	-
		100~250	50~125	735~883	>539	≥14	≥55	49.0~78.5	-
		100~250	50~125	735	58	≥14	40	58.8	207~269
		250~300	125~150	637	490	≥14	35	39.2	207~269
		300~500	150~250	588	441	10	30	39.2	207~269
38CrMoAl	调质	30	-	≥980	≥834	≥19	≥59	-	229 渗氮 HV>850
		40	20	≥941	≥785	≥18	≥58	-	-
		80	40	≥922	≥735	≥16	≥56	-	-
		100	50	≥922	≥706	≥16	≥54	-	-
		120	60	≥912	≥686	≥15	≥52	-	-
		160	80	≥765	≥588	≥14	≥45	≥58.8	241~285
35CrMoV	调质	120	60	≥883	≥785	≥15	≥50	≥68.6	-
		240	120	≥834	≥686	≥12	≥45	≥58.8	212~248
		500	250	657	490	14	40	49.0	-

续表

材料	热处理种类	截面直径 d/mm	尺寸壁厚 s/mm	力学性能					硬度
				σ_b (N/mm²)	σ_s (N/mm²)	δ_5 (%)	ψ (%)	α_k (J/cm²)	HBS
42Mn2	调质	50	25	≥794	≥588	≥17	≥59	≥63.7	-
		100	50	≥745	≥510	≥15.5	-	≥19.6	-
50Mn2	正火+高温回火	≤100	≤50	≥735	≥392	≥14	≥35	-	187~241
		100~300	50~100	≥716	≥373	≥13	≥33	-	187~241
		300~500	150~250	≥686	≥353	≥12	≥30	-	187~241
	调质	≤80	≤40	≥932	≥686	≥9	≥40	58.5	255~302
35SiMn	调质	<100	<50	≥735	≥490	≥15	45	49.0	≥222
		100~300	50~150	≥735	≥441	≥14	≥35	41.1	217~269
		300~400	150~200	≥686	≥392	≥13	≥30	39.2	217~225
		400~500	200~250	≥637	≥373	≥11	≥28	≥39.2	196~255
42SiMn	调质	≤100	≤50	≥784	≥510	≥15	≥45	≥2.2	229~286
		100~200	50~100	≥735	≥461	≥14	≥42	≥29.2	217~269
		200~300	100~150	≥686	≥441	≥13	≥40	≥24.5	217~255
		300~500	150~250	≥637	≥373	≥10	≥40	≥3.2	196~255
37SiMn2MoV	调质	200~400	100~200	≥814	≥637	≥14	≥40	≥39.2	241~286
		400~600	200~300	≥765	≥588	≥14	≥40	≥34.3	241~269
		600~800	300~400	≥716	≥539	≥12	≥35	-	229~241
	淬火+低温回火	1270	635	834/878	677~726	1.90/18.0	45.0/40.0	28.4/22.6	241/248
20MnTiB	淬火+低温回火	25	12.5	≥1451	-	δ_{10}≥7.5	≥56	≥98.1	HRC≥47
				≥1402	-	δ_{10}≥7	≥53	≥98.1	HRC≥47
				≥1275	-	δ_{10}≥8	≥59	≥98.1	HRC≥42
20MnVB	渗碳+淬火+低温回火	≤120	≤60	1500	-	11.5	45	127.5	心398
45MnB	调质	45	22.5	824	598	14	60	103	表241
				≥834	559	16	59	-	表277

续表

材料	热处理种类	截面直径 d/mm	尺寸壁厚 s/mm	力学性能					硬度
				σ_b (N/mm²)	σ_s (N/mm²)	δ_5 (%)	ψ (%)	α_k/ (J/cm²)	HBS
30CrMnSiA	调质	100	100	1079	883	≥12	≥35	≥58	210~280 渗氮 HRC47~51
30CrMnSi	调质	<100	<50	≥834	≥588	≥12	≥35	≥58.8	240~292
		100~200	50~100	≥706	≥461	≥16	≥35	≥49.0	207~229
50CrV	调质	40~100	20~50	981~1177	≥785	≥11	≥45	-	-
		100~250	50~125	785~981	≥588	≥13	≥50	-	-
20CrMo	淬火+低温回火	30	15	≥775	≥433	≥21.2	≥55	≥92.2	≥217
35CrMo	调质	50~100	50	735~883	539~686	14~16	45~50	68.6~88.3	217~255
		100~240	50~120	686~834	>441	>15	≥45	≥49.0	207~269
		100~300	50~150	≥686	≥490	≥15	≥50	≥68.6	-
		300~500	150~250	≥637	≥441	≥15	≥35	≥39.2	207~269
		500~800	250~400	≥588	≥392	≥12	≥30	≥29.4	207~269
40CrMnMo	调质	150	75	≥778	≥758	≥14.8	≥56.4	≥83.4	288
		300	150	≥811	≥655	≥16.8	≥52.2	-	255
		400	200	≥786	≥532	≥16.8	≥43.7	≥49.0	249
		500	250	≥748	≥484	≥14.0	≥46.2	≥42.2	213
25Cr2MoV	调质	25	12.5	≥932	≥785	≥14	≥55	≥78.5	≤247
		150	75	≥834	≥735	≥15	≥50	≥58.8	269~321
		≤200	≤100	≥735	≥588	≥16	≥50	≥58.8	241~277
40CrNiMo	调质	120	60	≥834	≥686	≥13	≥50	≥78.5	-
		240	120	≥785	≥588	≥13	≥45	≥58.8	-
		≤250	≤125	686~834	≥490	≥14	-	≥49.0	-
		≤500	≤250	588~734	≥392	≥18	-	≥68.6	-

续表

材料	热处理种类	截面直径 d/mm	尺寸壁厚 s/mm	σ_b (N/mm²)	σ_s (N/mm²)	δ_5 (%)	ψ (%)	α_k (J/cm²)	硬度 HBS
45CrNiMoV	调质	25	12.5	≥1030	≥883	≥8	≥30	≥68.6	-
	退火+调质	60	30	≥1471	≥1324	≥7	≥35	≥39.2	-
		100	50	≥1030	≥883	≥9	≥40	≥49.0	321~363
30CrNi2MoV	调质	120	60	≥883	≥686	≥10	≥45	≥58.8	260~321
		15	7.5	≥1128	≥834	≥11	≥45	≥98.1	表 HRC≥58 心340~387
40CrNi	调质	100~300	50~150	≥785	≥569	≥9	≥38	≥49.0	225
		300~500	150~250	≥735	≥549	≥8	≥36	≥44.1	255
		500~700	250~350	≥686	≥530	≥8	≥35	≥44.1	255
30CrNi3	调质	<100	50	≥785	≥559	≥16	≥50	≥68.6	≥241
		100~300	50~150	≥735	≥539	≥15	≥45	≥58.8	≥241
20CrMnTi (18CrMnTi)	渗碳+淬火+低温回火	30	15	≥1079	≥883	≥8	≥50	≥78.5	-
		≤80	≤40	≥981	≥785	≥9	≥50	≥78.5	表 56~62HRC 心240~300
		100	50	≥883	≥686	≥10	≥40	≥92.2	表 HRC≥58
20Cr2Ni4	渗碳+淬火+低温回火	25	12.5	≥1177	≥1079	≥10	≥45	≥78.5	表 HRC≥60 心305~405
		30	15	≥1177	≥1079	≥9	≥45	≥78.5	表 HRC≥60
12Cr2Ni4	渗碳+淬火+低温回火	15	7.5	≥1079	≥834	≥10	≥50	≥88.3	表 HRC≥60
	渗碳+高温回火+淬火+低温回火	30	15	≥1177	≥1128	≥10	≥55	≥78.5	表 HRC≥60 心302~388
12CrNi2	渗碳+淬火+低温回火	20	10	≥686	≥539	≥12	≥50	≥88.3	HRC≥58
		30	15	≥785	≥588	≥12	≥50	≥78.5	HRC≥58
		60	30	≥932	≥686	≥12	≥50	≥88.3	HRC≥58
12CrNi3	渗碳+淬火+低温回火	30	15	≥932	≥686	≥10	≥50	≥98.1	表 HRC≥58 心255~302

续表

材料	热处理种类	尺寸		力学性能					硬度
		截面直径 d/mm	壁厚 s/mm	σ_b (N/mm²)	σ_s (N/mm²)	δ_5 (%)	ψ (%)	α_k/ (J/cm²)	HBS
	渗碳+淬火+低温回火	<40	<20	≥834	≥686	≥10	≥50	≥78.5	表 HRC≥58 心≥241
20CrNi₃		30	15	≥932	≥735	≥11	≥55	≥98.1	表 HRC≥58
		30	15	≥1779	≥883	≥7	≥50	≥88.3	表 HRC≥58 心 284~415
	渗碳+淬火+低温回火	60	30	≥637	≥392	≥13	≥40	49.0	心部≥178
20Cr		60	30	637~931	392~686	13~20	45~50	49.0~78.5	$\frac{1}{3}$ 半径处>182
	渗碳+淬火+低温回火	30	15	≥1128	≥834	≥12	≥50	≥98.1	表 HRC≥58 心 HRC35~47
18Cr₂Ni₄W		60	30	≥1128	≥834	≥12	≥50	≥98.1	表 HRC≥58 心 341~367
		60~100	30~50	≥1128	≥834	≥11	≥45	≥88.3	表 HRC≥58 心 341~367

表 7-2 齿轮用 45#、铸铁与铸钢材料的力学性能

材 料	热处理种类	截面尺寸 直径 d	壁厚 s/mm	力学性能			硬度	
				σ_b （MPa）	σ_s （MPa）	HBS	表面淬火 （HRC）	
							（渗氮 HV）	
45	正火	≤100	≤50	588	294	169~217		
		101~300	51~150	569	284	162~217		
		301~500	151~250	549	275	162~217		
		501~800	251~400	530	265	156~217	40~50	
	调质	≤100	≤50	647	373	229~286		
		101~300	51~150	628	343	217~255		
		301~500	151~250	608	314	197~255		
铸			铁					
HT250			>4.0~10	270		175~263		
			>10~20	240		164~247		
			>20~30	220		157~236		
			>30~50	200		150~225		
HT300			>10~20	290		182~273		
			>20~30	250		169~255		
			>30~50	230		160~241		
HT350			>10~20	340		197~298		
			>20~30	290		182~273		
			>30~50	260		171~257		
QT50-7				500	320	170~230		
QT600-3				600	370	190~270		
QT700-2				700	420	225~305		
QT800-2				800	480	245~335		
QT900-2				900	600	280~360		
铸			钢					
ZG310-570	正火			570	310	163~197		
ZG340-640	正火			640	340	179~207		
ZG35SiMn	正火、回火			569	343	163~217	45~53	
	调质			637	412	197~248		
ZG42SiMn	正火、回火			588	373	163~217	45~53	
	调质			637	441	197~248		
ZG35CrMo	正火、回火			588	392	179~241		
	调质			686	539	179~241		
ZG35CrMnSi	正火、回火			686	343	163~217		
	调质			785	588	197~269		

表 7-3　齿轮工作面硬度及其组合的应用举例

齿面	齿轮	热处理		两轮工作	工作齿面		硬度举例	备注
类型	种类	小齿轮	大齿轮	齿面硬度差	小齿轮	大齿轮		
软齿面	直齿	调质	正火	$0<(HBS_1)_{min}$	240~270HBS	180~220HBS		用于重载、中低速固定式传动装置
≤350HBS	斜齿及人字齿	调质	调质	$-(HBS_2)_{max}$	260~290HBS	220~240HBS		
			调质	≤(20~25)	280~310HBS	240~260HBS		
			调质		300~330HBS	260~280HBS		
			正火	$(HBS_1)_{min}$	240~270HBS	160~190HBS		
			正火	$-(HBS_2)_{max}$	260~290HBS	180~210HBS		
			调质	≥(40~50)	270~300HBS	200~230HBS		
			调质		300~330HBS	230~260HBS		
软硬组合齿面	斜齿及人字齿	表面淬火	调质	齿面硬度差很大	45~50HRC	200~230HBS		用于冲击载荷及过载都不大
						230~260HBS		
>350HBS₁		渗碳	调质		56~62HRC	270~300HBS		用于重载中低定式传动装置
≤350HBS₂						300~3300HBS		
硬齿面>350HBS	直齿、斜齿及人字齿	表面淬火	表面淬火	齿面硬度大致相同	45~50HRC	45~50HRC		用在传动尺寸受结构条件限制的情形和运输机器上的传动装置
		渗碳	渗碳		56~62HRC	56~62HRC		

注：（1）通常渗碳后的齿轮要进行磨齿。

（2）重要齿轮的表面淬火，应采用高频或中频感应淬火；当模数较大时，应该沿着齿沟加热和淬火。

（3）为了提高齿轮的抗胶合能力，建议小轮和大轮采用不同牌号的钢制造。

表 7-4　调质以及表面淬火齿轮用钢的选择

齿轮种类			钢号	备注
汽车、拖拉机以及机床中不重要的齿轮			45	调质
中速、中载车床变速箱、钻床变速箱的次要齿轮以及高速、中载磨床砂轮传动齿轮				调质+高频感应淬火
中速、中载较大截面机床齿轮			35SiMn、40Cr、42SiMn、45MnB	调质
中速、中载并带一定冲击的机床变速箱及高速、重载并要求齿面硬度高的机床齿轮				调质+高频感应淬火
建筑机械、运输机械、起重机械、冶金机械、矿山机械、石油机械、工程机械、水泥机械等设备中的低速重载大齿轮	一般载荷不大，截面尺寸也不大，要求不太高的齿轮	淬透性递增	35、45、55	（1）根据设计，要求表面硬度大于40HRC的齿轮采用调质+表面淬火处理 （2）少数直径大、载荷小、转速不高的末级传动大齿轮可以采用SiMn钢正火 （3）根据齿轮截面尺寸大小以及重要程度，分别选择不同淬透性的钢材
			35SiMn、40Cr、40Mn、42SiMn、50Mn2	
	截面尺寸较大、承受较大载荷、要求比较高的齿轮		35CrMo、35CrMnSi、40CrMnMo、40CrNiMo、40CrNi、42CrMo、45CrNiMoV	
	截面尺寸很大、承受载荷大、要求有足够韧性的重要齿轮		35CrNi2Mo、40CrNi2Mo	
			30CrNi3、34CrNi3Mo、37SiMn2MoV	

表 7-5　渗碳齿轮用钢的选择

齿轮种类	钢号
拖拉机动力传动装置中的各类齿轮	
矿山、起重机、通用、运输、机车、化工等机械的变速箱中的齿轮	20CrMo、20Cr、20CrMnTi、20MnVB
汽车变速箱、驱动桥、分动箱的各类齿轮	20CrMnMo、25MnTiB
立车、机床变速箱、龙门铣、电动车等机械中的高速、重载、受冲击的齿轮	
电站、铁路、海运、宇航、化工、冶金等设备中的高速鼓风机、燃气轮机、工业汽轮机、涡轮压缩机、汽轮发电机等的高速齿轮，要求长周期、安全可靠运行的齿轮	12Cr2Ni4、17CrNiMo6、18Cr2Ni4W、20Cr2Ni4A、20CrNi3、20CrNi2Mo、20Cr2Mn2Mo
井下采煤机传动齿轮，坦克齿轮，大型带式运输机传动轴齿轮、锥齿轮、大型挖掘机传动箱主动轮，大型轧钢机减速机齿轮、人字机座轴齿轮等低速、重载并受冲击载荷的传动齿轮	

表 7-6　渗氮齿轮用钢的选择

齿轮种类	性能要求	钢号
精密耐磨齿轮	表面高硬度、变形小	30CrMoAl、38CrMoAl
一般齿轮	表面耐磨	20Cr、20CrMnTi、40Cr
在冲击载荷下工作的齿轮	表面耐磨、心部韧性高	18Cr2Ni4A、18CrNiWA、30CrNi3、35CrMo
在重载荷下工作的齿轮	表面耐磨、心部强度高	25Cr2MoV、30CrMnSi、35CrMov、42CrMo
在重载荷以及冲击载荷下工作的齿轮	表面耐磨、心部强度高、韧性高	30CrNiMo、30CrNiMoA、40CrNiMoA

表 7-7　齿轮毛坯预备热处理工艺

钢　号	预备热处理		硬度	显微组织
	工序	工艺规范	HBS	
40Cr、40Mn2	正火	860℃~900℃，空冷	179~229	均匀分布的片状珠光体与铁素体
20CrMo、20MnVB、20CrMnTi、20SiMnVB 20Mn2TiB	正火	920℃~1000℃，空冷 常用 950℃~970℃	156~207 （179~217）	均匀分布的片状珠光体与铁素体
18Cr2Ni4WA、20CrMnMo 20Cr2Ni4A、20CrNi3	正火 回火	正火：800℃~940℃，空冷 回火：650℃~700℃	171~229 （20CrMnMo） 207~269 （20CrNi3 等）	粒状或细片状珠光体以及少量铁素体
20Cr	正火	900℃~960℃，空冷	156~179 （179~207）	均匀分布的片状珠光体与铁素体
18Cr2Ni4WA、20Cr2Ni4A	回火 正火 回火	回火：640℃，6~24 小时空冷 正火：以大于 20℃/分钟的速度加热到 880℃~940℃，空冷 回火：650℃~700℃	207~269	粒状或细片状珠光体以及少量铁素体

表 7-8　改善渗碳齿轮毛坯切削性能的不完全淬火工艺

钢号	A_{C1}	A_{C3}	热处理工艺
20Cr	766℃	838℃	775℃~790℃水冷
20CrMo	743℃	818℃	760℃~780℃油冷
20CrMnTi	740℃	825℃	760℃~790℃油冷

表 7-9　齿轮渗碳层深度推荐值

推荐值		来源
汽车驱动桥主动和从动圆锥齿轮		中国汽车、拖拉机行业
$m_t \leqslant 5mm$	$t = 0.9 \sim 1.3mm$	
$5mm \leqslant m_t \leqslant 8mm$	$t = 1.1 \sim 1.4mm$	
$m_t > 8mm$	$t = 1.2 \sim 1.6mm$	
汽车变速箱、分动箱齿轮		
$m < 3mm$	$t = 0.6 \sim 1.0mm$	
$3mm < m < 5mm$	$t = 0.9 \sim 1.3mm$	
$m > 5mm$	$t = 1.1 \sim 1.5mm$	
40Cr C-N 共渗	$t > 0.2mm$	
低合金渗碳钢		
$m \leqslant 4mm$	$t = 0.4 \sim 0.6mm$	
$m > 4mm$	$t = 0.6 \sim 0.9mm$	
拖拉机传动、动力齿轮		
	$t \geqslant 0.18m$ 且 $t \leqslant 2.1mm$	
40Cr C-N 共渗	$t = 0.25 \sim 0.4mm$	
$t = 0.2 \sim 0.3m$		中国大型重载齿轮
径节	渗层深度/mm	美国
>4.5~6.0	1.016~1.270	Allis Charmers
>3.0~4.5	1.270~1.651	工程机械齿轮
<2.5~3.0	1.651~2.032	
≤2.5	2.032~2.504	
0.1375×弦齿厚，但是最深不得超过齿厚的 1/6	2.504~3.048 3.048~3.556	
$t = 0.25m$		DIN3900
$t = 0.15 \sim 0.2m$		德国本茨公司
$m \leqslant 8mm$	$t = 0.15m$	瑞士 MAAG
$m > 8mm$	$t = 0.8 + 0.05m$	
$m = 1.27 \sim 6.35mm$	$t = 0.18 \sim 0.26m$	英国 BS
$t = (1/5 \sim 1/7) \times$ 齿厚		美国 AGMA

表 7-10　常用钢材离子氮化后的渗氮层深度和硬度

钢类	钢号	离子淡化工艺		渗氮层深度（mm）	表面硬度	
		温度（℃）	时间（h）		HR15-N	HV
结构钢	38CrMoAlA	500~600	8~12	0.40~0.45		950~1100
	20Cr	520~540	8	≥0.30		550~700

续表

钢类	钢号	离子淡化工艺		渗氮层深度（mm）	表面硬度	
		温度（℃）	时间（h）		HR15-N	HV
	40Cr	500~520	8~10	≥0.30		500~650
	40CrNiMoA	480	10	0.25~0.45	82~86	
	30CrMnSiA	430	3	0.15	84~86	
	12CrNi3A	490	6~7	0.15~0.25	≥87	
	18CrNiWA	450	5~6	0.20~0.25	91~93	
	30Cr3WA	480	15	0.25	93	
	30CrMo	480	12	0.30~0.35	82~84	
	20CrMnTi	500~520	8	0.30~0.40		650~800
	50CrVA					500~650
	45					300~450
工具钢	Cr12	540	8			900~960
	Cr12Mo					900~1100
	3Cr2W8	520~540	2			850~1000
	CrWMn					900~1100
高速钢	W18Cr4V	520~540	10~20	0.02~0.03		950~1100
	W6Mo5Cr4V2					1100~1400
不锈、耐热钢	4Cr14Ni14W2Mo	630	8	0.085	84~88	
	25Cr18Ni18W2A	620	10	0.10	90	
	25CrMoVA	520	8	0.30	92~94	
	Cr18Ni12Mo2Ti	670	20	0.20	93~94	
	1Cr18Ni9Ti	570	12	0.15	92~95	
	2Cr13	570	12	0.15~0.20	92~93	
	3Cr13	570	12	0.15~0.20	92~93	

表 7-11　几种常用材料软氮化层深度及表面硬度

材料	表面硬化		氮化层深度	
	HV$_{100}$	HRC（换算值）	化合物层	扩散层
45	550~700	52~60	0.007~0.015	0.15~0.30
T10	500~650	49~58	0.003~0.010	0.10~0.20
40Cr	650~800	57~64	0.005~0.012	0.10~0.20
38CrMoAl	900~1100	>67	0.005~0.012	0.10~0.20
Cr12MoV	750~850	62~65	0.002~0.007	0.05~0.10
铸铁	550~750	52~62	0.001~0.005	0.04~0.06
铁基粉末冶金材料	400~500	41~49	0.003~0.010	

表 7-12　几种常用材料离子氮化后的表面硬度与氮化层深度

材料	氮化工艺	氮化层	
	温度×时间（℃×h）	表面硬度 HV$_5$	总深度（mm）
45	560×6	265~320	0.06

续表

材料	氮化工艺	氮化层	
	温度×时间（℃×h）	表面硬度 HV$_5$	总深度（mm）
40Cr	460×8	613~622	0.30
	500×8	566~593	0.35~0.40
38CrMoAl	540×8	988~1006	0.32
	560×8	968~988	0.35
	650×20	844~893	0.65
5CrNiMo	510×2	613~623	
稀土球墨铸铁	480×2	509~540	

表 7-13　表面淬火齿轮硬化层以及心部的技术要求

	小齿轮	大齿轮	备注
硬化层深度（m）	0.2~0.4		硬化层深度的确定如表 7-14 所示
齿面硬度 HRC	50~55	45~50 或 302~401HBS	如果传动比为 1:1，则大小齿轮的齿面硬度相同
表层组织	细针状马氏体		齿部不允许铁素体存在
心部硬度 HBS	经调质 碳　钢：260~285 合金钢：270~302		对某些要求不高的齿轮，如有的开式大齿轮，可以采用正火预备热处理

表 7-14　表面淬火硬化层深度的确定

钢中碳的质量分数（%）	硬化层终点硬度值	
	HV	HRC
0.27~0.35	332	35
0.32~0.40	392	40
0.37~0.45	413	42
0.42~0.50	461	45
>0.50	509	48

表 7-15　齿轮渗层表面碳/氮的质量分数、心部硬度以及表层组织的参考数值

参数	数值	说明
表面 C/N 的质量分数	渗　碳：C0.7%~1.0% 碳氮共渗：C0.7%~0.9% N0.2%~0.4%	对承载平稳、要求耐磨和主要抗麻点剥落的齿轮，碳、氮含量选高限；对受冲击载荷的齿轮，碳、氮含量选低限
心部硬度 HRC	$m \leqslant 8.33$~4.8 $m \leqslant 8.29$~45	中国汽车行业
	30~40	大型重载齿轮
	30~40	日本大型重载齿轮
	45	日本丰田公司
	32~40	美国 Allis Charmers 工程机械齿轮
	33.5~40	意大利菲亚特
	36.5	德国本茨公司

续表

参数		数值	说明
表层组织	马氏体	细针状 1~5 级	汽车行业规定
	残余奥氏体	15%~30%	以硬度不低于 57HRC 为准
		渗碳：1~5 级 C-N 共渗：1~5 级	中国汽车行业规定
	碳化物	常啮合齿轮：≤5 级 换挡齿轮：≤4 级	中国汽车行业规定
		轧机齿轮≤1μm（平均直径）	重机行业规定

第八章   渐开线圆柱齿轮传动的设计计算

一般设计齿轮传动时，已知的条件是：传动的功率P（kW）或转矩T（N·m）、转速n（r/min）、传动比i、预定的寿命（h）、原动机以及工作机的载荷特性、结构要求以及外形尺寸限制等。

设计开始时往往不知道齿轮的尺寸和参数，无法准确定出某些系数的数值，因而不能进行精确的计算。所以通常需要先初步选择某些参数，按照简化计算方法初步确定出主要尺寸，然后再进行精确的校核计算。当主要参数和几何尺寸都已经合适之后，再进行齿轮的结构设计并绘制零件工作图。

本章推荐的计算方法包括齿面接触疲劳强度、齿根弯曲疲劳强度计算。适用于基本齿廓 GB1356-2008 的$\alpha = 20°$、$h' = 2m$、$c = 0.25m$、$\rho_f = 0.38m$、端面重合度$\varepsilon_a = 1\sim2.5$的渐开线圆柱外啮合或内啮合直齿、斜齿齿轮传动。

8.1   渐开线圆柱齿轮传动主要参数的选择

渐开线圆柱齿轮传动主要参数的选择如下：

8.1.1   齿数比u

齿数比$u = \frac{z_2}{z_1}$。对于一般减速传动，取$u \leqslant 6\sim8$；开式传动或手动传动，有时可达$u = 8\sim12$。

8.1.2 齿数 z

当中心距一定时，齿数变多，则重合度 ε_a 增大，改善了传动的平稳性。同时，齿数多则模数小、齿顶圆直径小，可以使滑动比减小，因此磨损小、胶合的危险性也小，并且又能减少金属切削量，节省材料，降低加工成本。但是齿数增多，则模数减少，轮齿的弯曲强度降低，因此在满足弯曲强度的条件下，宜取较多的齿数。

通常取 $z_1 \geqslant 18 \sim 30$，闭式传动，硬度小于 350HBS，过载不大，宜取较大值；硬度大于 350HBS，过载大，宜取较小值；开式传动宜取较小值。对载荷平稳，不重要的手动机构，甚至可以取 $z_1 = 9 \sim 12$。而对高速胶合危险性大的传动，推荐用 $z_1 \geqslant 25$。一般减速器中经常取 $z_1 + z_2 = 100 \sim 200$。

8.1.3 模数 m

在减速器中，通常取 $m = (0.007 \sim 0.02)a$。载荷平稳、中心距 a 大和软齿面取较小值；冲击载荷或过载大、中心距 a 小和硬齿面取较大值。

对开式齿轮传动，$m = 0.02m$ 左右。

对传递动力的传动，m 应不小于 2mm。

根据上述经验公式估算出模数 m 后，要取标准值，如表 2-1 所示。

8.1.4 螺旋角 β

β 太小，将失去斜齿轮的优点，但是太大，将会引起很大的轴向力，一般取 $\beta = 8° \sim 15°$，常取 $8° \sim 12°$；人字齿轮一般取 $\beta = 25° \sim 40°$，常稍大于 30°。

8.1.5 齿宽系数 φ_m、φ_a、φ_d

齿宽系数取大些，可以使中心距 a 和直径 d 减小，但是齿宽越大，载荷沿齿宽分布不均匀的现象越严重。

齿宽系数通常表示为：$\varphi_m = \dfrac{b}{m}$、$\varphi_a = \dfrac{b}{a}$、$\varphi_d = \dfrac{b}{d_1}$。

一般 $\varphi_a = 0.1 \sim 1.2$，闭式传动常取 $\varphi_a = 0.3 \sim 0.6$。通用减速器常取 $\varphi_a = 0.4$，变速箱中换挡齿轮常用 $\varphi_a = 0.12 \sim 0.15$，开式传动常用 $\varphi_a = 0.1 \sim 0.3$。在设计标准减速器时，φ_a 要符合标准中规定的数值，其值为 0.2、0.25、0.3、0.4、0.5、0.6、0.8、1.0、1.2。

$\varphi_d = 0.5\,(i \pm 1)\,\varphi_a$，一般 $\varphi_d = 0.2 \sim 0.4$。对闭式传动，当齿面硬度小于 350HBS 时，齿轮对称轴承布置并靠近轴承时，$\varphi_d = 0.8 \sim 1.4$；齿轮不对称轴承或悬臂布置、结构刚度较大时，取 $\varphi_d = 0.6 \sim 1.2$，结构刚度较小时，取 $\varphi_d = 0.4 \sim 0.9$。当齿面硬度大于 350HBS 时，φ_d 的数值应该降低一倍。对开式齿轮传动，$\varphi_d = 0.3 \sim 0.5$。

$\varphi_m = 0.5\,(i \pm 1)\,\varphi_a z_1$，一般取 $\varphi_m = 8 \sim 25$。当加工和安装精度高时，可以取大些；对开式齿轮传动，可以取 $\varphi_m = 8 \sim 15$；对重载低速齿轮传动，可以取 $\varphi_m = 2 \sim 25$。

刚性结构的 φ_d 值如表 8-1 所示。

表 8-1　刚性结构中的 φ_d 值

直齿、斜齿（人字齿）——对称支承		说明
材料以及热处理	φ_d	
正火 HBS≤180	≤1.6	悬臂支承，取值不大于 $0.5\varphi_d$
调质 HBS≥200	≤1.4	非刚性结构，取值不大于 $0.6\varphi_d$
渗碳或表面淬火	≤1.1	非对称支承，取值不大于 $0.8\varphi_d$
氮化	≤0.8	$u = 1$ 时，取值不大于 $1.2\varphi_d$ 对于人字齿，取值不大于 $1.8\varphi_d$

8.1.6　重合度 ε_α、ε_β

一般 $\varepsilon_\alpha \geqslant 1.2 \sim 1.4$，$\varepsilon_\beta > 1$。当 $\varepsilon_\beta = 1.0 \sim 1.1$ 或 $\varepsilon_\alpha + \varepsilon_\beta = 2.0 \sim 2.1$ 时，可以提高传动的平稳性，降低噪声。

8.1.7 齿轮精度等级

高速齿轮精度采用 4～6 级，中低速重载齿轮精度采用 6～8 级，采用的标准为 GB10095-2008。

8.2 圆柱齿轮传动主要尺寸的初步确定

8.2.1 圆柱齿轮传动轮齿受力计算公式

圆柱齿轮传动轮齿受力计算公式如表 8-2 所示。

表 8-2 圆柱齿轮传动轮齿受力计算公式

直齿轮轮齿受力图	斜（人字）齿轮轮齿受力图

分度圆上的圆周力 F_t	$F_t = \dfrac{2000T}{d}$ (N)	
节圆上的圆周力 F_t'	$F_t' = \dfrac{2000T}{d}$(N)	
径向力 F_r	$F_r = F_t \tan\alpha_n$	$F_r = F_t \tan\alpha_t = F_t \dfrac{\tan\alpha_n}{\cos\beta}$ (N)
轴向力 F_x		$F_x = F_t \tan\beta$(N)
转矩 T	$T = 1000 \times \dfrac{P}{\omega} = 9549 \times \dfrac{P}{n}$(N·m)	

作用力	直齿轮	斜齿轮	人字齿轮
说明	P——齿轮传递的功率（Kw）。 ω——齿轮的角速度，$\omega = \dfrac{\pi n}{30}$（rad/s）。 n——齿轮的转速（r/s）。 d和d_1分别为齿轮的分度圆直径和节圆直径（mm）。 计算齿轮的强度时应使用F_t，计算轴和轴承时应使用F_t'、F_r、F_x。		

8.2.2 主要尺寸的初步确定

齿轮传动的主要尺寸，如中心距a、小齿轮分度圆直径d_1或模数m等，可以按下述 3 种方法初步确定：

（1）参照已有的工作条件相同或类似的齿轮传动，用类比的方法初步确定主要尺寸。

（2）根据齿轮传动在设备上的安装、结构要求，如中心距、中心高以及外廓尺寸等要求，定出主要尺寸。

（3）根据如表 8-3 所示的简化计算公式确定主要尺寸。

利用简化计算公式确定尺寸时，对开式齿轮传动，可以只按弯曲强度的计算公式确定模数m，并将求得的m值加大 10%～20%，以考虑磨损的影响。对闭式齿轮传动，若两个齿轮或两个齿轮之一为软齿面，即齿面硬度≤350HBS，可以只按接触强度的计算公式确定尺寸。若两个齿轮均为硬齿面，即齿面硬度>350HBS，则应同时按接触强度和弯曲强度的计算公式确定尺寸，并取其中的大值。

如表 8-3 所示中的接触强度计算公式适用于钢制齿轮。对于钢对铸铁、铸铁对铸铁齿轮传动，应将求得的 a 或d_1分别乘以 0.9 和 0.83。

根据简化计算定出主要尺寸之后，对重要的传动还应该进行校核计算，并根据校核计算的结果重新调整初定尺寸，对低速不重要的传动，可以不必进行强度校核计算。

表 8-3　圆柱齿轮传动主要尺寸简化计算公式

齿轮类型	接触强度		弯曲强度
直齿	$a \geq 484(u \pm 1)\sqrt[3]{\dfrac{KT_1}{\varphi_a u \sigma_{Hlim}^2}}$ 或 $d_1 \geq 768$	$\sqrt[3]{\dfrac{KT_1}{\varphi_d \sigma_{Hlim}^2} \times \dfrac{u \pm 1}{u}}$	$m_n \geq 12.1\sqrt[3]{\dfrac{KT_1 Y_{Fa1}}{\varphi_d z_1^2 \sigma_{Flim}}}$
斜齿 $\beta = 8°\sim15°$	$a \geq 453(u \pm 1)\sqrt[3]{\dfrac{KT_1}{\varphi_a u \sigma_{Hlim}^2}}$ 或 $d_1 \geq 719$	$\sqrt[3]{\dfrac{KT_1}{\varphi_d \sigma_{Hlim}^2} \times \dfrac{u \pm 1}{u}}$	$m_n \geq 11.5\sqrt[3]{\dfrac{KT_1 Y_{Fa1}}{\varphi_d z_1^2 \sigma_{Flim}}}$
斜齿 $\beta = 25°\sim35°$	$a \geq 437(u \pm 1)\sqrt[3]{\dfrac{KT_1}{\varphi_a u \sigma_{Hlim}^2}}$ 或 $d_1 \geq 695$	$\sqrt[3]{\dfrac{KT_1}{\varphi_d \sigma_{Hlim}^2} \times \dfrac{u \pm 1}{u}}$	$m_n \geq 10\sqrt[3]{\dfrac{KT_1 Y_{Fa1}}{\varphi_d z_1^2 \sigma_{Flim}}}$
说明	（1）"+"号用于外啮合，"-"号用于内啮合。 （2）K 为载荷系数。若原动机单采用电动机或汽轮机、燃气轮机时，一般可以取 $K=1.2\sim2$。当载荷平稳、精度较高、速度较低、齿轮对称于轴承布置时，应取较小值；对直齿轮应取较大值。若采用单缸内燃机时，应将 K 值加大 1.2 倍左右。参考表 8-4 进行选取。 　　T_1 为小齿轮额定转矩（N·m）。 　　u 为齿数比，$u = z_2/z_1$。 　　Y_{Fa1} 为小齿轮齿形系数，如图 8-4 所示。 　　σ_{Hlim}、σ_{Flim} 分别为实验齿轮的疲劳极限（MPa），如表 8-15 所示。 　　φ_a、φ_d 为齿宽系数。 （3）人字齿圆柱齿轮传动的强度计算，可以近似地按斜齿圆柱齿轮传动的有关计算公式进行计算，但每个斜齿轮所承受的载荷为整个人字齿轮传递载荷的一半。		

表 8-4　综合系数K

载荷特性	接触强度	弯曲强度	说明
平　　稳	2.0~2.4	1.8~2.3	精度高、对称布置、硬齿面（HB>350），对接触度采取有利于提高强度的变位时取低值，反之取高值
中等冲击	2.5~3.0	2.3~2.9	
较大冲击	3.5~4.2	3.2~4.0	

8.3　齿面接触疲劳强度与齿根弯曲疲劳强度校核计算

本计算方法主要依据国家标准 GB/T3480-2008——《渐开线圆柱齿轮承载能力计算方法》。

8.3.1　计算公式

1. 校核计算公式

齿面接触疲劳强度与齿根弯曲疲劳强度校核计算公式如表 8-5 所示。

表 8-5　齿面接触疲劳强度与齿根弯曲疲劳强度校核计算公式

项目	齿面接触疲劳强度	齿根弯曲疲劳强度
计算应力（MPa）	$\sigma_H = Z_H Z_E Z_\varepsilon Z_\beta \sqrt{\dfrac{F_t}{d_1 b} \dfrac{u \pm 1}{u}} K_A K_V K_{H\alpha} K_{H\beta}$	$\sigma_F = \dfrac{F_t}{m_n b} Y_{Fa} Y_{Sa} Y_\varepsilon Y_\beta K_A K_V K_{F\alpha} K_{F\beta}$

项目	齿面接触疲劳强度	齿根弯曲疲劳强度
许用应力（MPa）	$\sigma_{HP} = \sigma_{Hlim}Z_{NT}Z_L Z_V Z_R Z_W Z_X$	$\sigma_{FP} = \sigma_{Flim}Y_{NT}Y_{ST}Y_{RrelT}Y_{\delta relT}Y_X$
安全系数	$S_H = \dfrac{\sigma_{HP}}{\sigma_H} \geqslant S_{Hmin}$	$S_F = \dfrac{\sigma_{FP}}{\sigma_F} \geqslant S_{Fmin}$
	式中： K_A 为使用系数，如表 8-6 所示 K_V 为动载系数，如图 10-5 所示 $K_{H\beta}$、$K_{F\beta}$ 为接触强度和弯曲强度计算的齿向载荷分布系数，如式 8-2 和式 8-3 所示 $K_{H\alpha}$、$K_{F\alpha}$ 为接触强度和弯曲强度计算的齿间载荷分配系数，如表 8-15 所示 F_t 为分度圆上名义圆周力（N） d_1 为小齿轮分度圆直径（mm） b 为工作齿宽（mm），指一对齿轮中较小齿宽，对人字齿或双斜齿轮 $b = b_B \times 2$，b_B 为单个斜齿轮宽度，计算弯曲强度时，最多将窄齿轮的齿宽加上一个模数作为宽齿轮的齿宽，如有齿端修薄或鼓形修整，b 应比实际齿宽小 u 为齿数比，$u = z_2/z_1$ Z_H 为节点区域系数，如式 8-5 所示 Z_E 为弹性系数（$\sqrt{MPa}$），如表 8-16 所示 Z_ε、Y_ε 为接触强度和弯曲强度计算的重合度系数，如式 8-6 至式 8-9 所示 Z_β、Y_β 为接触强度和弯曲强度计算的螺旋角系数，如式 8-10 至式 8-12 所示 σ_{Hlim}、σ_{Flim} 为试验齿轮的接触、弯曲疲劳极限（MPa），如表 8-17 所示 S_{Hmin}、S_{Fmin} 为接触、弯曲强度的最小安全系数，如表 8-22 所示 Z_{NT}、Y_{NT} 为接触、弯曲强度的寿命系数，如表 8-18 与表 8-19 所示 Z_L 为润滑剂系数，如表 8-20 所示 Z_V 为速度系数，如图 8-20 所示 Z_R 为粗糙度系数，如图 8-20 所示 Z_W 为工作硬化系数，如图 8-13 所示 Z_X、Y_X 为接触强度和弯曲强度计算的尺寸系数，如图 8-1 和图 8-2 所示 m_n 为法向模数（mm） Y_{Fa} 为齿形系数，如图 8-4 所示 Y_{Sa} 为应力修正系数，如图 8-3 所示 Y_{ST} 为试验齿轮的应力修正系数，$Y_{ST} = 2.0$ $Y_{\delta relT}$ 为相对齿根圆角敏感系数，如表 8-21 所示 Y_{RrelT} 为相对齿根表面状况系数，如表 8-14 至表 8-16 所示
说明：（1）式中"+"号用于外啮合，"-"号用于内啮合。 （2）对接触和弯曲强度两轮都应分别计算。		

2. 有关数据以及参数的确定

（1）分度圆上的圆周力 F_t。

分度圆上的圆周力 F_t 是作用于端面内并切于分度圆的名义切向力，一般可以按照齿轮传递的额定转矩或功率由表 8-2 的公式计算得到。

（2）使用系数 K_A。

使用系数 K_A 是考虑由于齿轮啮合外部因素引起附加动载荷影响的系数。此附加动载荷取决于原动机和从动机的特性、轴和联轴器系统的质量和刚度，以及运行的状态。参照如表 8-6 所示选取，其中原动机和工作机特性参考表 8-7、表 8-8 和表 8-9。

表 8-6　使用系数 K_A

工作特性	原动机			
	均匀平稳	轻微冲击	中等冲击	强烈冲击
均匀平稳	1.00	1.25	1.50	1.75
轻微冲击	1.10	1.35	1.60	1.85
中等冲击	1.25	1.50	1.75	2.00
强烈冲击	1.50	1.75	2.00	2.25 或更大

（1）表中数值主要适用于在非共振区运行的工业齿轮和高速齿轮，采用表中的推荐值时至少应取 $S_{Fmin} = 1.25$ 如果在运行中存在非正常的重载、大的起动转矩、重复的中等或强烈冲击，应校核其有限寿命下的承载能力和静强度。
（2）某些应用场合的 K_A 值可能远高于表中的值，甚至高达 10，选用时应全面分析工况和联接结构。
（3）当外部机械与齿轮装置之间挠性联接时，通常 K_A 值可以适当减小。
（4）对于增速传动，根据经验建议取表中数值的 1.1 倍。

表 8-7　原动机工作特性示例

工作特性	原动机
均匀平稳	电动机，如直流电动机、均匀运转的蒸汽轮机、起动力矩很小的燃气轮机
轻微冲击	蒸汽轮机、燃气轮机、液压马达电动机较大，经常出现较大的起动力矩
中等冲击	多缸内燃机
强烈冲击	单缸内燃机

表 8-8　工作机工作特性示例

工作特性	工作机
均匀平稳	轻型升降机，包装机，机床进给传动，通风机，轻型离心机，离心泵，轻质液态物质或均匀密度材料搅拌器，剪切机，行走机构[1]，车床，发电机，均匀传送的带式运输机或板式运输机，冲压机[2]，螺旋动输机
轻微冲击	不均匀传动包装件的带式运输或板式运输机，机床主传动，重型升降机，起重机旋转机构，工业和矿用通风机，重型离心分离器，离心泵，粘稠液体或变密度材料搅拌机，多缸活塞泵，给水泵，普通挤压机，压光机，转炉，轧机[3]——连续锌条、铝条以及线材和棒料轧机
中等冲击	橡胶挤压机，橡胶和塑料搅拌机，轻型球磨机，木工机械锯片，木车床，钢坯初轧机[3][4]，提升机构，单缸活塞泵
强烈冲击	挖掘机铲斗传动装置，多斗传动装置，筛分传动装置，动力铲，重型球磨机，橡胶搓揉机，石块或矿石破碎机，冶金机械，重型给水泵，旋转式钻机，压砖机，去皮机卷筒，落砂机，带材冷轧机[3][5]，碾碎机

①额定转矩=最大起动转矩
②定转矩=最大切削、压制、冲压转矩
③定转矩=最大轧制转矩
④用电流控制力矩限制器
⑤由于轧制带材经常开裂，可以提高 K_A 至 2.0

表8-9 高速齿轮以及其类似齿轮工作及工作特性示例

工作特性	工作机
均匀平稳	离心式空气压缩机或气体压缩机，功率测试台架，载荷发电机和励磁机，造纸机主传动装置
轻微冲击	管线离心式空气压缩机，轴流式压缩机，载荷峰值发电机和励磁机，离心式风扇，离心泵，造纸工业，旋转式轴流泵，精研机，压印机机床辅助驱动
中等冲击	罗茨鼓风机，径向流动的罗茨压缩机，活塞压缩机（三缸或更多），矿山和工业上大型频繁起动的吸气机，锅炉离心供水泵，罗茨泵，活塞泵（三缸或更多）
强烈冲击	两缸活塞压缩机，带水箱的离心泵，泥浆泵，两缸活塞泵

（3）动载系数K_v。

动载系数K_v是考虑齿轮传动在啮合过程中，大小齿轮啮合振动所产生的内部附加动载荷影响的系数。影响K_v的主要因素有：齿形误差、基节偏差、圆周速度、大小齿轮的质量、轮齿的啮合刚度以及其在啮合过程中的变化、轴以及轴承的刚度、载荷、齿轮系统的阻尼特性等。

K_v值可以按下式进行计算：

$$K_v = 1 + \left(\frac{K_1}{K_A \frac{F_t}{b}} + K_2 \right) \frac{z_1 v}{100} \sqrt{\frac{u^2}{1+u^2}} \qquad (8-1)$$

式中系数K_1和K_2由表8-10查取。

表8-10 系数K_1和K_2

齿轮种类	K_1					K_2
	齿轮第Ⅱ组精度					各种精度等级
	5	6	7	8	9	
直齿轮	7.5	14.9	26.8	39.1	52.8	0.0193
斜齿轮	6.7	13.3	23.9	34.8	47.0	0.0087

（4）齿向载荷分布系数$K_{H\beta}$、$K_{F\beta}$。

齿向载荷分布系数$K_{H\beta}$、$K_{F\beta}$是考虑沿齿宽方向载荷分布不均匀的影响系数。其简化的计算公式为：

$$K_{H\beta} = C_1 + C_2 \left[1 + C_3 \left(\frac{b}{d_1} \right)^2 \right] \left(\frac{b}{d_1} \right)^2 + C_4 \times 10^{-3} b \qquad (8-2)$$

系数C_1、C_2、C_3、C_4值如表8-11至表8-14所示。

表 8-11　调质齿轮的C_1、C_4值

有无调整	装配时不作检验调整				装配时检验调整或对研跑和			
第Ⅱ公差组精度等级	5	6	7	8	5	6	7	8
C_1	1.14	1.15	1.17	1.23	1.10	1.11	1.12	1.15
C_4	0.23	0.3	0.47	0.61	0.12	0.15	0.26	0.31

表 8-12　硬齿面齿轮的C_1、C_4值

有无调整	装配时不作检验调整				装配时检验调整或对研跑和			
第Ⅱ公差组精度等级	5	6	7	8	5	6	7	8
C_1	1.14	1.15	1.17	1.23	1.10	1.11	1.12	1.15
C_4	0.23	0.3	0.47	0.61	0.12	0.15	0.26	0.31

表 8-13　齿轮的C_2值

调质齿轮	硬齿面齿轮	
	$K_{H\beta} \leqslant 1.34$	$K_{H\beta} > 1.34$
0.18	0.26	0.31

表 8-14　齿轮的C_3值

对称支承 $\left(\dfrac{s}{l} < 0.1\right)$	非对称支承 $\left(0.1 < \dfrac{s}{l} < 0.3\right)$	悬臂支承 $\left(\dfrac{s}{l} < 0.3\right)$
0	0.6	0.7

注：l为轴承跨距（mm），s为小轮齿宽中点至轴承跨距中点的距离（mm）。

$$K_{F\beta} = \left(K_{H\beta}\right)^N \tag{8-3}$$

$$N = \frac{(b/h)^2}{1 + (b/h) + (b/h)^2} \tag{8-4}$$

式中 b 为齿宽（mm），对人字齿或双斜齿齿轮，用单个斜齿轮的宽度；h 为齿高（mm）。

（5）齿间载荷分配系数$K_{H\alpha}$、$K_{F\alpha}$。

齿间载荷分配系数$K_{H\alpha}$、$K_{F\alpha}$是考虑同时啮合的各对轮齿间载荷分配不均匀的影响系数，如表 8-15 所示。对硬、软齿面搭配的齿轮副，取平均值；大小齿轮精度等级不同时，按较低精度取值。

（6）节点区域系数Z_H。

节点区域系数Z_H是考虑节点处齿廓曲率对接触应力的影响，并将分度圆上圆周力折算为节圆上法向力的系数。

$$Z_H = \sqrt{\frac{2\cos\beta_b\cos\alpha_t'}{\cos^2\alpha_t\sin\alpha_t'}} \quad\quad (8-5)$$

式中α_t为端面分度圆压力角，β为基圆螺旋角，α_t'为端面啮合角。

表 8-15　齿间载荷分配系数$K_{H\alpha}$、$K_{F\alpha}$

K_AF_t/b						$\geqslant$100N/mm			$\leqslant$100N/mm
第Ⅱ公差组精度等级		5	6	7	8	9	10	11~12	5~12
硬齿面	直齿轮 $K_{H\alpha}$	1.0	1.0	1.1	1.2			$1/Z_\varepsilon^2\geqslant1.2$	
	直齿轮 $K_{F\alpha}$	1.0	1.0	1.1	1.2			$1/Y_\varepsilon\geqslant1.2$	
	斜齿轮 $K_{H\alpha}$ $K_{F\alpha}$	1.0	1.1	1.2	1.4			$\varepsilon_a/\cos^2\beta_b\geqslant1.4$	
调质	直齿轮 $K_{H\alpha}$		1.0		1.1	1.2		$1/Z_\varepsilon^2\geqslant1.2$	
	直齿轮 $K_{F\alpha}$							$1/Y_\varepsilon\geqslant1.2$	
	斜齿轮 $K_{H\alpha}$ $K_{F\alpha}$	1.0		1.1	1.2	1.4		$\varepsilon_a/\cos^2\beta_b\geqslant1.4$	

注：（1）对修形齿轮，取$K_{H\alpha}=K_{F\alpha}=1$；（2）若$K_{F\alpha}>\frac{\varepsilon_\gamma}{\varepsilon_aY_\varepsilon}$，取$K_{F\alpha}=\frac{\varepsilon_\gamma}{\varepsilon_aY_\varepsilon}$。

（7）弹性系数Z_E。

弹性系数Z_E是考虑材料弹性模量和传送比对接触应力的影响，如表 8-16 所示。

表 8-16　弹性系数Z_E

小齿轮材料	大齿轮材料			
	钢	铸钢	球墨铸铁	灰铸铁
钢	189.8	189.9	181.4	162.0
铸钢		188.0	180.5	161.4
球墨铸铁			173.9	156.6
灰铸铁				143.7

（8）重合度系数Z_ε、Y_ε。

Z_ε用于考虑重合度对单位齿宽载荷的影响，Y_ε为将载荷由齿顶转换到单对齿啮合区外界点的系数。

对直齿轮：

$$Z_\varepsilon = \sqrt{\frac{4-\varepsilon_\alpha}{3}} \quad\quad (8-6)$$

对斜齿轮：

当$\varepsilon_\beta < 1$时 $$Z_\varepsilon = \sqrt{\frac{4-\varepsilon_\alpha}{3}\left(1-\varepsilon_\beta\right)+\frac{\varepsilon_\beta}{\varepsilon_\alpha}} \tag{8-7}$$

当$\varepsilon_\beta \geqslant 1$时 $$Z_\varepsilon = \sqrt{\frac{1}{\varepsilon_\alpha}} \tag{8-8}$$

$$Y_\varepsilon = 0.25 + \frac{0.75}{\varepsilon_{\alpha n}} \tag{8-9}$$

式中ε_α、ε_β分别为端面和轴向重合度，$\varepsilon_{\alpha n}$为当量齿轮的端面重合度，$\varepsilon_{\alpha n} = \dfrac{\varepsilon_\alpha}{\cos^2\beta_b}$。

（9）螺旋角系数Z_β、Y_β。

螺旋角系数Z_β和Y_β是考虑螺旋角对接触应力和齿根弯曲应力影响的系数。

$$Z_\beta = \sqrt{\cos\beta} \tag{8-10}$$
$$Y_\beta = 1 - \varepsilon_\beta \frac{\beta}{120^0} \geqslant Y_{\beta\min} \tag{8-11}$$
$$Y_{\beta\min} = 1 - 0.25\varepsilon_\beta \geqslant 0.75 \tag{8-12}$$

式中当$\varepsilon_\beta > 1$时，按$\varepsilon_\beta = 1$计算；当$\beta > 30°$时，按$\beta = 30°$计算。

（10）试验齿轮的疲劳极限σ_{Hlim}、σ_{Flim}。

试验齿轮材料的接触疲劳极限应力σ_{Hlim}和齿根弯曲疲劳极限应力σ_{Flim}如表8-17所示。

表8-17 试验齿轮材料的接触疲劳极限应力σ_{Hlim}和齿根弯曲疲劳极限应力σ_{Flim}

材料种类	热处理方法	齿面硬度	σ_{Hlim}（MPa）	σ_{Flim}（MPa）
球墨铸铁		HBS=140~300	400+1.4(HBS-140)	160+0.34(HBS-140)
灰铸铁		HBS=140~300	300+1.1(HBS-140)	55+0.23(HBS-140)
合金钢	渗碳淬火	HRC=56~58	1350+62.5(HRC-55)	355+6(HRC-55)
		HRC=58~67	1457	430
	调质钢、氮化	HRC=36~45	890+12.2(HRC-36)	280+4.4(HRC-36)
		HRC=45~56	1000	320
	氮化钢、气体氮化	HRC=54~59	1225+12(HRC-54)	335+7(HRC-54)
		HRC=59~65	1285	370
	表面淬火	HRC=49~58	1142+12(HRC-49)	300+6(HRC-49)
碳素钢	正火或调质	HBS=135~300	480+0.93(HBS-135)	190+0.2(HBS-135)
碳素铸钢			420+0.93(HBS-135)	160+0.2(HBS-135)

续表

材料种类	热处理方法	齿面硬度	σ_{Hlim}（MPa）	σ_{Flim}（MPa）
合金钢	调质	HBS=200~360	615+1.4(HBS-200)	240+0.4(HBS-200)
合金铸钢			535+1.4(HBS-200)	200+0.4(HBS-200)
说明：（1）表面淬火或渗碳淬火的硬齿面齿轮，其齿根圆角经磨削或剃齿时，所得的σ_{Flim}乘以0.75。				
（2）正火或调质的软齿面齿轮，其齿根圆角经喷丸、辊压等冷作硬化处理时，所得σ_{Flim}乘以1.5。				

1）试验齿轮的接触疲劳极限σ_{Hlim}。

σ_{Hlim}是指某种材料的齿轮经长期持续的重复载荷作用后，对大多数齿轮材料通常不少于5×10^7次，齿面保持不破坏的极限应力。由于影响因素很多，如材料的化学成分、金相组织、热处理质量、机械性能、毛坯的种类锻轧铸、残余应力等。因此具有一定的离散性。

2）齿轮材料的弯曲疲劳极限σ_{Flim}。

σ_{Flim}是试验齿轮的弯曲疲劳极限，它是指某种材料的齿轮经长期持续的重复载荷作用后（对大多数齿轮材料不少于3×10^6次），齿根保持不破坏时的极限应力。对于在对称循环载荷下工作的齿轮，如行星齿轮、中间齿轮等，应将从表中查出的值乘以系数0.7。对于双向运转工作的齿轮，其值所乘系数可以稍大于0.7。

（11）接触强度计算的寿命系数Z_{NT}。

寿命系数Z_{NT}是考虑齿轮寿命小于或大于持久寿命条件循环次数N_C时，其可以承受的接触应力值与其相应的条件循环次数N_C时接触疲劳极限应力比例的系数。

当齿轮在定载荷工况下工作时，应力循环次数N_L为齿轮设计寿命期内单侧齿面的啮合次数，如果是双向工作时，按啮合次数较多的一侧计算。

接触强度计算的寿命系数Z_{NT}的值按表8-18中的公式计算。

（12）弯曲强度计算的寿命系数Y_{NT}。

弯曲强度计算的寿命系数Y_{NT}是考虑齿轮寿命小于或大于持久寿命条件循环次数N_C时，其可以承受的弯曲应力值与其相适应的条件循环次数N_C时疲劳极限应力比例的系数，其值按表8-19中的公式计算。

表 8-18 接触强度计算的寿命系数 Z_{NT}

材料以及热处理		静强度最大循环次数 N_o	持久寿命条件循环次数 N_C	应力循环次数 N_L	Z_{NT} 计算公式
碳氮共渗处理的调质钢、渗碳钢		$N_o = 10^5$	$N_C = 2 \times 10^6$	$N_L \leqslant 10^5$	$Z_{NT} = 1.1$
				$10^5 < N_L \leqslant 2 \times 10^5$	$Z_{NT} = \left(\dfrac{2 \times 10^6}{N_L}\right)^{0.0318}$
				$2 \times 10^5 < N_L \leqslant 10^{10}$	$Z_{NT} = \left(\dfrac{2 \times 10^6}{N_L}\right)^{0.0191}$
灰铸铁、铁素体的球墨铸铁 渗氮处理的渗氮钢、调质钢、渗碳钢		$N_o = 10^5$	$N_C = 2 \times 10^6$	$N_L \leqslant 10^5$	$Z_{NT} = 1.3$
				$10^5 < N_L \leqslant 2 \times 10^5$	$Z_{NT} = \left(\dfrac{2 \times 10^6}{N_L}\right)^{0.0875}$
				$2 \times 10^5 < N_L \leqslant 10^{10}$	$Z_{NT} = \left(\dfrac{2 \times 10^6}{N_L}\right)^{0.0191}$
调质钢、结构钢、球墨铸铁（珠光体、贝氏体）、渗碳淬火的渗碳钢、珠光体可锻铸铁、感应淬火或火焰淬火的钢和球墨铸铁	不允许有点蚀	$N_o = 10^5$	$N_C = 2 \times 10^7$	$N_L \leqslant 6 \times 10^5$	$Z_{NT} = 1.6$
				$6 \times 10^5 < N_L \leqslant 10^7$	$Z_{NT} = 1.3 \left(\dfrac{10^7}{N_L}\right)^{0.0738}$
				$10^7 < N_L \leqslant 10^9$	$Z_{NT} = \left(\dfrac{10^7}{N_L}\right)^{0.0738}$
	允许有一定点蚀	$N_o = 6 \times 10^5$	$N_C = 10^9$	$10^9 < N_L \leqslant 10^{10}$	$Z_{NT} = \left(\dfrac{10^9}{N_L}\right)^{0.0706}$
				$N_L \leqslant 10^5$	$Z_{NT} = 1.6$
				$10^5 < N_L \leqslant 5 \times 10^7$	$Z_{NT} = \left(\dfrac{5 \times 10^7}{N_L}\right)^{0.0756}$
				$5 \times 10^7 < N_L \leqslant 10^{10}$	$Z_{NT} = \left(\dfrac{5 \times 10^7}{N_L}\right)^{0.0706}$

说明：当优选材料、制造工艺和润滑剂并经生产实践验证时，对于 $2 \times 10^5 < N_L \leqslant 10^{10}$、$10^9 < N_L \leqslant 10^{10}$、$5 \times 10^7 < N_L \leqslant 10^{10}$ 时的 Z_{NT} 可以取为 1。

表 8-19 弯曲强度的寿命系数 Y_{NT}

材料以及热处理	静强度最大循环次数 N_o	持久寿命条件循环次数 N_C	应力循环次数 N_L	Y_{NT} 计算公式
碳氮共渗处理的调质钢、渗碳钢	$N_o = 10^3$	$N_C = 3 \times 10^6$	$N_L \leqslant 10^3$	$Y_{NT} = 1.1$
			$10^3 < N_L \leqslant 3 \times 10^6$	$Y_{NT} = \left(\dfrac{3 \times 10^6}{N_L}\right)^{0.012}$
			$3 \times 10^6 < N_L \leqslant 10^{10}$	$Y_{NT} = \left(\dfrac{3 \times 10^6}{N_L}\right)^{0.02}$
灰铸铁、铁素体的球墨铸铁 渗氮处理的渗氮钢、调质钢、渗碳钢、结构钢	$N_o = 10^3$	$N_C = 3 \times 10^6$	$N_L \leqslant 10^3$	$Y_{NT} = 1.6$
			$10^3 < N_L \leqslant 3 \times 10^6$	$Y_{NT} = \left(\dfrac{3 \times 10^6}{N_L}\right)^{0.05}$
			$3 \times 10^6 < N_L \leqslant 10^{10}$	$Y_{NT} = \left(\dfrac{3 \times 10^6}{N_L}\right)^{0.02}$

材料以及热处理	静强度最大循环次数N_o	持久寿命条件循环次数N_C	应力循环次数N_L	Y_{NT}计算公式
渗碳淬火的渗碳钢、感应淬火或火焰淬火的钢和球墨铸铁	$N_o = 10^3$	$N_C = 3 \times 10^6$	$N_L \leqslant 10^3$	$Z_{NT} = 2.5$
			$10^3 < N_L \leqslant 3 \times 10^6$	$Y_{NT} = \left(\dfrac{3 \times 10^6}{N_L}\right)^{0.05}$
			$3 \times 10^6 < N_L \leqslant 10^{10}$	$Y_{NT} = \left(\dfrac{3 \times 10^6}{N_L}\right)^{0.02}$
调质钢、结构钢、球墨铸铁（珠光体、贝氏体）、珠光体可锻铸铁允许有一定点蚀	$N_o = 10^3$	$N_C = 3 \times 10^6$	$N_L \leqslant 10^4$	$Y_{NT} = 2.5$
			$10^4 < N_L \leqslant 3 \times 10^6$	$Y_{NT} = \left(\dfrac{3 \times 10^6}{N_L}\right)^{0.16}$
			$5 \times 10^7 < N_L \leqslant 10^{10}$	$Y_{NT} = \left(\dfrac{3 \times 10^6}{N_L}\right)^{0.02}$
说明：当优选材料、制造工艺和润滑剂并经生产实践验证时，对于$3 \times 10^6 < N_L \leqslant 10^{10}$时的$Z_{NT}$可以取为1。				

（13）有限寿命的润滑油膜影响系数Z_L、Z_V、Z_R。

润滑油膜影响系数Z_L、Z_V、Z_R分别表示润滑油黏度、相互啮合齿面间的相对速度、齿面粗糙度对润滑油膜状况的影响，从而影响齿面承载能力的系数。

有限寿命（循环次数$N_O < N_L < N_C$）时，简化计算的Z_L、Z_V、Z_R的值可以由表 8-20 中的公式计算。

表 8-20　简化计算的Z_L、Z_V、Z_R的值

计算类型	加工工艺以及齿面粗糙度R_{z10}	$Z_L \times Z_V \times Z_R$
持久强度$N_L \geqslant N_c$	$R_{z10} > 4\mu m$经展成法滚、插或刨削加工的齿轮副	0.85
	研、磨或剃的齿轮副$R_{z10} > 4\mu m$；滚、插、研的齿轮与$R_{z10} \leqslant 4\mu m$的磨或剃的齿轮啮合	0.92
	$R_{z10} < 4\mu m$的磨或剃的齿轮副	1.00
静强度$N_L \leqslant N_o$	各种加工方法	1.00

（14）工作硬化系数Z_W。

工作硬化系数Z_W是考虑经过磨削的硬齿面小齿轮对调质大齿轮齿面产生冷作硬化，使大齿轮许用接触应力得到提高的系数。

当小齿轮的齿面粗糙度为$R_Z < 6\mu m$、大齿轮齿面硬度为 130～470HBS 时，持久寿命、有限寿命和静强度时的Z_W均可以按下式计算：

$$Z_W = 1.2 - \frac{HB - 130}{1700} \qquad (8-13)$$

式中 HB 为大齿轮齿面布氏硬度值。当布氏硬度小于130HBS时，取$Z_W = 1.2$；当布氏硬度大于470HBS时，取$Z_W = 1$。

（15）接触强度计算的尺寸系数Z_X与弯曲强度计算的尺寸系数Y_X。

尺寸系数Z_X与Y_X是考虑尺寸增大时使材料强度降低的效应，其值可以查阅图8-1与图8-2所得。

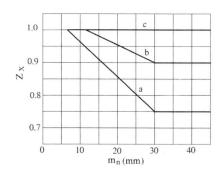

a——渗碳淬火、感应或火焰淬火表面硬化钢；b——短时间气体氮化钢、液体氮化钢；
c——调质钢、结构钢、所有材料静强度

图8-1　接触强度计算的尺寸系数

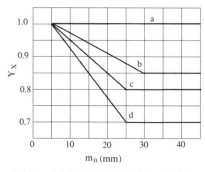

a——所有材料静强度；b——结构钢、珠光体和贝氏体球墨铸铁、调质钢、珠光体可锻铸铁；c——渗碳淬火和全齿廓感应或火焰淬火钢、氮化或碳氮共渗钢；d——灰铸铁、铁素体球墨铸铁

图8-2　弯曲强度计算的尺寸系数

（16）应力修正系数Y_{Sa}。

应力修正系数Y_{Sa}是将名义弯曲应力换成齿根高局部应力的系数，对于基本齿廓符合 GB1356-2008，并且$\alpha = 20°$、$h_a = m$、$h = 2.25m$、$\rho_f = 0.38m$的渐开线圆柱外齿轮，其值可由图 8-3 查得，图中的值适用于齿顶不倒角的齿轮，对于齿顶缩短和有齿顶倒角的齿轮，用此图查取的Y_{Sa}值偏于安全。

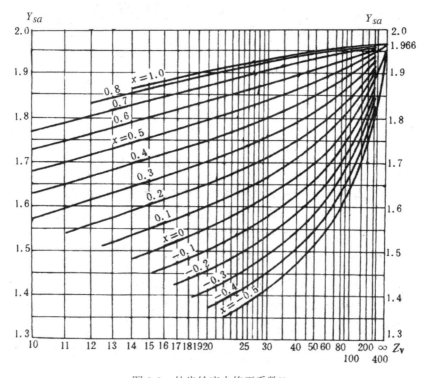

图 8-3　外齿轮应力修正系数Y_{Sa}

对于标准齿高、$\alpha = 20°$的内齿轮，可取$Y_{Sa} = 2.65$。

（17）齿形系数Y_{Fa}。

齿形系数Y_{Fa}用于考虑齿形对弯曲应力的影响。对于基本齿廓符合 GB1356-2008，并且$\alpha = 20°$、$h_a = m$、$h = 2.25m$、$\rho_f = 0.38m$的渐开线圆柱外齿轮，其值可由图 8-4 查得，图中的值适用于齿顶不缩短的齿轮，对于齿顶缩短的齿轮，实际弯曲力臂比不缩短时稍小一些，因此用此图查取的Y_{Fa}值偏于安全。

对于标准齿高、$\alpha = 20°$的内齿轮，可取$Y_{Fa} = 2.053$。

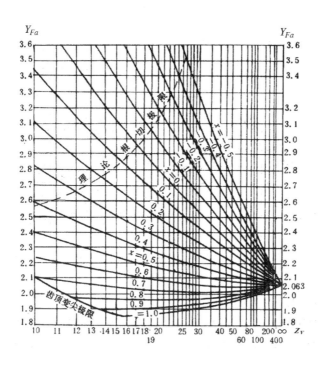

图 8-4　外齿轮的齿形系数Y_{Fa}

（18）相对齿根圆角敏感系数$Y_{\delta relT}$。

相对齿根圆角敏感系数$Y_{\delta relT}$是考虑所计算齿轮的材料，几何尺寸等对齿根应力的敏感度与试验齿轮不同而引进的系数，其值如表 8-21 所示。

表 8-21　相对齿根圆角敏感系数$Y_{\delta relT}$

齿根圆角参数范围	$Y_{\delta relT}$的值	
	疲劳强度计算时	静强度计算时
$q_s < 1.5$	0.95	0.7
$q_s \geqslant 1.5$	1	1

（19）相对齿根表面状况系数Y_{RrelT}。

相对齿根表面状况系数Y_{RrelT}用于考虑所计算齿轮的齿根部的表面状况与试验齿轮不同而引进的系数。

1）疲劳强度计算时。

齿根表面粗糙度$R_z \leqslant 16\mu m$（$R_a \leqslant 2.6\mu m$）时：

$$Y_{RrelT} = 1.0 \qquad (8-14)$$

齿根表面粗糙度$R_z > 16\mu m$（$R_a > 2.6\mu m$）时：

$$Y_{RrelT} = 0.9 \qquad (8-15)$$

2）静强度计算时。

$$Y_{RrelT} = 1.0 \qquad (8-16)$$

（20）最小安全系数$S_{H\min}$、$S_{F\min}$。

最小安全系数$S_{H\min}$、$S_{F\min}$的值如表8-22所示。

表8-22　最小安全系数$S_{H\min}$、$S_{F\min}$的值

使用要求	最小安全系数	
	$S_{H\min}$	$S_{F\min}$
失效概率≤1/10000 的高可靠度	1.50~1.60[①]	2.00
失效概率≤1/1000 的较高可靠度	1.25~1.30[①]	1.60
失效概率≤1/100 的一般可靠度	1.00~1.10[①]	1.25
失效概率≤1/10 的低可靠度[②]	0.85[③]	1.00
说明：①在经过使用验证或对材料强度、载荷工况以及制造精度有较准确的数据时，可以取下限值。 ②一般齿轮传动不推荐采用此栏数值。 ③采用此值时，可能在点蚀前先出现齿面塑性变形。		

8.3.2　轮齿静强度校核

当齿轮工作中可能出现短时间、少次数超过额定工况的大负荷时，应当进行静强度核算的载荷纳入疲劳强度计算。静强度的基本核算公式如表8-23所示。

表8-23　圆柱齿轮齿面和齿根弯曲静强度核算公式

项目	齿面静强度	弯曲静强度
最大应力（MPa）	$\sigma_{HSt} = Z_H Z_E Z_\varepsilon Z_\beta \sqrt{\dfrac{F_{tmax}}{d_1 b}\dfrac{u \pm 1}{u}} K_V K_{H\beta} K_{H\alpha}$	$\sigma_{HSt} = \dfrac{F_{tmax}}{m_n b} Y_{Fa} Y_{Sa} Y_\varepsilon Y_\beta K_V K_{F\beta} K_{Fa}$
许用应力（MPa）	$\sigma_{HPSt} = \dfrac{\sigma_{Hlim} Z_{NH}}{S_{H\min}} Z_W$	$\sigma_{FPSt} = \dfrac{\sigma_{Hlim} Y_{ST} Y_{NT}}{S_{H\min}} Y_{\delta relT}$
强度条件	$\sigma_{HSt} \leqslant \sigma_{HPSt}$	$\sigma_{FSt} \leqslant \sigma_{FPSt}$
说明：F_{tmax}为按载荷谱中实测或预期的最大载荷T_{max}，如启动转矩、短路或其他过渡转矩等计算的圆周力（N）		

附录

附表1 $\alpha = 10°\sim39°$ 渐开线函数 $inv\alpha = \tan\alpha - \alpha$

分	10°	11°	12°	13°	14°	15°	16°	17°	18°	19°
0	0.0017941	0.0023941	0.0031171	0.0039754	0.0049819	0.0061498	0.0074927	0.0090247	0.0107604	0.0127151
1	0.0018031	0.0024051	0.0031302	0.0039909	0.0050000	0.0061707	0.0075166	0.0090519	0.0107912	0.0127496
2	0.0018122	0.0024161	0.0031434	0.0040065	0.0050182	0.0061917	0.0075406	0.0090792	0.0108220	0.0127842
3	0.0018213	0.0024272	0.0031566	0.0040221	0.0050364	0.0062127	0.0075647	0.0091065	0.0108528	0.0128188
4	0.0018305	0.0024383	0.0031699	0.0040377	0.0050546	0.0062337	0.0075888	0.0091339	0.0108838	0.0128535
5	0.0018397	0.0024495	0.0031832	0.0040534	0.0050729	0.0062548	0.0076130	0.0091614	0.0109147	0.0128883
6	0.0018489	0.0024607	0.0031966	0.0040692	0.0050912	0.0062760	0.0076372	0.0091889	0.0109458	0.0129232
7	0.0018581	0.0024719	0.0032100	0.0040849	0.0051096	0.0062972	0.0076614	0.0092164	0.0109769	0.0129581
8	0.0018674	0.0024831	0.0032234	0.0041007	0.0051280	0.0063184	0.0076857	0.0092440	0.0110081	0.0129931
9	0.0018767	0.0024944	0.0032369	0.0041166	0.0051465	0.0063397	0.0077101	0.0092717	0.0110393	0.0130281
10	0.0018860	0.0025057	0.0032504	0.0041325	0.0051650	0.0063611	0.0077345	0.0092994	0.0110706	0.0130632
11	0.0018954	0.0025171	0.0032639	0.0041484	0.0051835	0.0063825	0.0077590	0.0093272	0.0111019	0.0130984
12	0.0019048	0.0025285	0.0032775	0.0041644	0.0052021	0.0064039	0.0077835	0.0093551	0.0111333	0.0131336
13	0.0019142	0.0025399	0.0032911	0.0041804	0.0052208	0.0064254	0.0078081	0.0093830	0.0111648	0.0131689
14	0.0019237	0.0025513	0.0033048	0.0041965	0.0052395	0.0064470	0.0078327	0.0094109	0.0111964	0.0132043
15	0.0019332	0.0025628	0.0033185	0.0042126	0.0052582	0.0064686	0.0078574	0.0094390	0.0112280	0.0132398
16	0.0019427	0.0025744	0.0033322	0.0042288	0.0052770	0.0064902	0.0078822	0.0094670	0.0112596	0.0132753
17	0.0019523	0.0025859	0.0033460	0.0042450	0.0052958	0.0065119	0.0079069	0.0094952	0.0112913	0.0133108
18	0.0019619	0.0025975	0.0033598	0.0042612	0.0053147	0.0065337	0.0079318	0.0095234	0.0113231	0.0133465
19	0.0019715	0.0026091	0.0033736	0.0042775	0.0053336	0.0065555	0.0079567	0.0095516	0.0113550	0.0133822
20	0.0019812	0.0026208	0.0033875	0.0042938	0.0053526	0.0065773	0.0079817	0.0095799	0.0113869	0.0134180
21	0.0019909	0.0026325	0.0034014	0.0043101	0.0053716	0.0065992	0.0080067	0.0096083	0.0114189	0.0134538
22	0.0020006	0.0026443	0.0034154	0.0043266	0.0053907	0.0066211	0.0080317	0.0096367	0.0114509	0.0134897
23	0.0020103	0.0026560	0.0034294	0.0043430	0.0054098	0.0066431	0.0080568	0.0096652	0.0114830	0.0135257
24	0.0020201	0.0026678	0.0034434	0.0043595	0.0054289	0.0066652	0.0080820	0.0096937	0.0115151	0.0135617
25	0.0020299	0.0026797	0.0034575	0.0043760	0.0054481	0.0066873	0.0081072	0.0097223	0.0115474	0.0135978
26	0.0020398	0.0026916	0.0034716	0.0043926	0.0054674	0.0067094	0.0081325	0.0097510	0.0115796	0.0136340
27	0.0020496	0.0027035	0.0034858	0.0044092	0.0054867	0.0067316	0.0081578	0.0097797	0.0116120	0.0136702
28	0.0020596	0.0027154	0.0035000	0.0044259	0.0055060	0.0067539	0.0081832	0.0098085	0.0116444	0.0137065
29	0.0020695	0.0027274	0.0035142	0.0044426	0.0055254	0.0067762	0.0082087	0.0098373	0.0116769	0.0137429
30	0.0020795	0.0027394	0.0035285	0.0044593	0.0055448	0.0067985	0.0082342	0.0098662	0.0117094	0.0137794
31	0.0020895	0.0027515	0.0035428	0.0044761	0.0055643	0.0068209	0.0082597	0.0098951	0.0117420	0.0138159
32	0.0020995	0.0027636	0.0035572	0.0044929	0.0055838	0.0068434	0.0082853	0.0099241	0.0117747	0.0138525
33	0.0021096	0.0027757	0.0035716	0.0045098	0.0056034	0.0068659	0.0083110	0.0099532	0.0118074	0.0138891
34	0.0021197	0.0027879	0.0035860	0.0045267	0.0056230	0.0068884	0.0083367	0.0099823	0.0118402	0.0139258
35	0.0021298	0.0028001	0.0036005	0.0045437	0.0056427	0.0069110	0.0083625	0.0100115	0.0118730	0.0139626
36	0.0021400	0.0028123	0.0036150	0.0045607	0.0056624	0.0069337	0.0083883	0.0100407	0.0119059	0.0139994
37	0.0021502	0.0028246	0.0036296	0.0045777	0.0056822	0.0069564	0.0084142	0.0100700	0.0119389	0.0140364
38	0.0021605	0.0028369	0.0036441	0.0045948	0.0057020	0.0069791	0.0084401	0.0100994	0.0119720	0.0140734
39	0.0021707	0.0028493	0.0036588	0.0046120	0.0057218	0.0070019	0.0084661	0.0101288	0.0120051	0.0141104
40	0.0021810	0.0028616	0.0036735	0.0046291	0.0057417	0.0070248	0.0084921	0.0101583	0.0120382	0.0141475
41	0.0021914	0.0028741	0.0036882	0.0046464	0.0057617	0.0070477	0.0085182	0.0101878	0.0120715	0.0141847
42	0.0022017	0.0028865	0.0037029	0.0046636	0.0057817	0.0070706	0.0085444	0.0102174	0.0121048	0.0142220
43	0.0022121	0.0028990	0.0037177	0.0046809	0.0058017	0.0070936	0.0085706	0.0102471	0.0121381	0.0142593
44	0.0022226	0.0029115	0.0037325	0.0046983	0.0058218	0.0071167	0.0085969	0.0102768	0.0121715	0.0142967
45	0.0022330	0.0029241	0.0037474	0.0047157	0.0058420	0.0071398	0.0086232	0.0103066	0.0122050	0.0143342
46	0.0022435	0.0029367	0.0037623	0.0047331	0.0058622	0.0071630	0.0086496	0.0103364	0.0122386	0.0143717
47	0.0022541	0.0029494	0.0037773	0.0047506	0.0058824	0.0071862	0.0086760	0.0103663	0.0122722	0.0144093
48	0.0022646	0.0029620	0.0037923	0.0047681	0.0059027	0.0072095	0.0087025	0.0103963	0.0123059	0.0144470
49	0.0022752	0.0029747	0.0038073	0.0047857	0.0059230	0.0072328	0.0087290	0.0104263	0.0123396	0.0144847
50	0.0022859	0.0029875	0.0038224	0.0048033	0.0059434	0.0072561	0.0087556	0.0104564	0.0123734	0.0145225
51	0.0022965	0.0030003	0.0038375	0.0048210	0.0059638	0.0072796	0.0087823	0.0104865	0.0124073	0.0145604
52	0.0023073	0.0030131	0.0038527	0.0048387	0.0059843	0.0073030	0.0088090	0.0105167	0.0124412	0.0145983
53	0.0023180	0.0030260	0.0038679	0.0048564	0.0060048	0.0073266	0.0088358	0.0105469	0.0124752	0.0146363
54	0.0023288	0.0030389	0.0038831	0.0048742	0.0060254	0.0073501	0.0088626	0.0105773	0.0125093	0.0146744
55	0.0023396	0.0030518	0.0038984	0.0048921	0.0060460	0.0073738	0.0088895	0.0106076	0.0125434	0.0147126
56	0.0023504	0.0030648	0.0039137	0.0049099	0.0060667	0.0073975	0.0089164	0.0106381	0.0125776	0.0147508
57	0.0023613	0.0030778	0.0039290	0.0049279	0.0060874	0.0074212	0.0089434	0.0106686	0.0126119	0.0147891
58	0.0023722	0.0030908	0.0039445	0.0049458	0.0061081	0.0074450	0.0089704	0.0106991	0.0126462	0.0148275
59	0.0023831	0.0031039	0.0039599	0.0049638	0.0061289	0.0074688	0.0089975	0.0107298	0.0126806	0.0148659

续表

分	20°	21°	22°	23°	24°	25°	26°	27°	28°	29°
0	0.0149044	0.0173449	0.0200538	0.0230491	0.0263497	0.0299753	0.0339470	0.0382866	0.0430172	0.0481636
1	0.0149430	0.0173878	0.0201013	0.0231015	0.0264074	0.0300386	0.0340162	0.0383621	0.0430995	0.0482530
2	0.0149816	0.0174308	0.0201489	0.0231541	0.0264652	0.0301020	0.0340856	0.0384378	0.0431819	0.0483426
3	0.0150203	0.0174738	0.0201966	0.0232067	0.0265231	0.0301655	0.0341550	0.0385136	0.0432645	0.0484323
4	0.0150591	0.0175169	0.0202444	0.0232594	0.0265810	0.0302291	0.0342246	0.0385895	0.0433471	0.0485221
5	0.0150979	0.0175601	0.0202922	0.0233122	0.0266391	0.0302928	0.0342942	0.0386655	0.0434299	0.0486120
6	0.0151369	0.0176034	0.0203401	0.0233651	0.0266973	0.0303566	0.0343640	0.0387416	0.0435128	0.0487020
7	0.0151758	0.0176468	0.0203881	0.0234181	0.0267555	0.0304205	0.0344339	0.0388179	0.0435957	0.0487922
8	0.0152149	0.0176902	0.0204362	0.0234711	0.0268139	0.0304844	0.0345038	0.0388942	0.0436789	0.0488825
9	0.0152540	0.0177337	0.0204844	0.0235242	0.0268723	0.0305485	0.0345739	0.0389706	0.0437621	0.0489730
10	0.0152932	0.0177773	0.0205326	0.0235775	0.0269308	0.0306127	0.0346441	0.0390472	0.0438454	0.0490635
11	0.0153325	0.0178209	0.0205809	0.0236308	0.0269894	0.0306769	0.0347144	0.0391239	0.0439289	0.0491542
12	0.0153719	0.0178646	0.0206293	0.0236842	0.0270481	0.0307413	0.0347847	0.0392006	0.0440124	0.0492450
13	0.0154113	0.0179084	0.0206778	0.0237376	0.0271069	0.0308058	0.0348552	0.0392775	0.0440961	0.0493359
14	0.0154507	0.0179523	0.0207264	0.0237912	0.0271658	0.0308703	0.0349258	0.0393545	0.0441799	0.0494269
15	0.0154903	0.0179963	0.0207750	0.0238449	0.0272248	0.0309350	0.0349965	0.0394316	0.0442639	0.0495181
16	0.0155299	0.0180403	0.0208238	0.0238986	0.0272839	0.0309997	0.0350673	0.0395088	0.0443479	0.0496094
17	0.0155696	0.0180844	0.0208726	0.0239524	0.0273430	0.0310646	0.0351382	0.0395862	0.0444321	0.0497008
18	0.0156094	0.0181286	0.0209215	0.0240063	0.0274023	0.0311295	0.0352092	0.0396636	0.0445163	0.0497924
19	0.0156492	0.0181728	0.0209704	0.0240603	0.0274617	0.0311946	0.0352803	0.0397411	0.0446007	0.0498840
20	0.0156891	0.0182172	0.0210195	0.0241144	0.0275211	0.0312597	0.0353515	0.0398188	0.0446853	0.0499758
21	0.0157291	0.0182616	0.0210686	0.0241686	0.0275806	0.0313250	0.0354228	0.0398966	0.0447699	0.0500677
22	0.0157692	0.0183061	0.0211178	0.0242228	0.0276403	0.0313903	0.0354942	0.0399745	0.0448546	0.0501598
23	0.0158093	0.0183506	0.0211671	0.0242772	0.0277000	0.0314557	0.0355658	0.0400524	0.0449395	0.0502519
24	0.0158495	0.0183953	0.0212165	0.0243316	0.0277598	0.0315213	0.0356374	0.0401306	0.0450245	0.0503442
25	0.0158898	0.0184400	0.0212660	0.0243861	0.0278197	0.0315869	0.0357091	0.0402088	0.0451096	0.0504367
26	0.0159301	0.0184848	0.0213155	0.0244407	0.0278797	0.0316527	0.0357810	0.0402871	0.0451948	0.0505292
27	0.0159705	0.0185296	0.0213651	0.0244954	0.0279398	0.0317185	0.0358529	0.0403655	0.0452801	0.0506219
28	0.0160110	0.0185746	0.0214148	0.0245502	0.0279999	0.0317844	0.0359249	0.0404441	0.0453656	0.0507147
29	0.0160516	0.0186196	0.0214646	0.0246050	0.0280602	0.0318504	0.0359971	0.0405227	0.0454512	0.0508076
30	0.0160922	0.0186647	0.0215145	0.0246600	0.0281206	0.0319166	0.0360694	0.0406015	0.0455369	0.0509006
31	0.0161329	0.0187099	0.0215644	0.0247150	0.0281810	0.0319828	0.0361417	0.0406804	0.0456227	0.0509938
32	0.0161737	0.0187551	0.0216145	0.0247702	0.0282416	0.0320491	0.0362142	0.0407594	0.0457086	0.0510871
33	0.0162145	0.0188004	0.0216646	0.0248254	0.0283022	0.0321156	0.0362868	0.0408385	0.0457947	0.0511806
34	0.0162554	0.0188458	0.0217148	0.0248807	0.0283630	0.0321821	0.0363594	0.0409177	0.0458808	0.0512741
35	0.0162964	0.0188913	0.0217651	0.0249361	0.0284238	0.0322487	0.0364322	0.0409970	0.0459671	0.0513678
36	0.0163375	0.0189369	0.0218154	0.0249916	0.0284847	0.0323154	0.0365051	0.0410765	0.0460535	0.0514616
37	0.0163786	0.0189825	0.0218659	0.0250471	0.0285458	0.0323823	0.0365781	0.0411561	0.0461401	0.0515555
38	0.0164198	0.0190282	0.0219164	0.0251028	0.0286069	0.0324492	0.0366512	0.0412357	0.0462267	0.0516496
39	0.0164611	0.0190740	0.0219670	0.0251585	0.0286681	0.0325162	0.0367244	0.0413155	0.0463135	0.0517438
40	0.0165024	0.0191199	0.0220177	0.0252143	0.0287294	0.0325833	0.0367977	0.0413954	0.0464004	0.0518381
41	0.0165439	0.0191659	0.0220685	0.0252703	0.0287908	0.0326506	0.0368712	0.0414754	0.0464874	0.0519326
42	0.0165854	0.0192119	0.0221193	0.0253263	0.0288523	0.0327179	0.0369447	0.0415555	0.0465745	0.0520271
43	0.0166269	0.0192580	0.0221703	0.0253824	0.0289139	0.0327853	0.0370183	0.0416358	0.0466618	0.0521218
44	0.0166686	0.0193042	0.0222213	0.0254386	0.0289756	0.0328528	0.0370921	0.0417161	0.0467491	0.0522167
45	0.0167103	0.0193504	0.0222724	0.0254948	0.0290373	0.0329205	0.0371659	0.0417966	0.0468366	0.0523116
46	0.0167521	0.0193968	0.0223236	0.0255512	0.0290992	0.0329882	0.0372399	0.0418772	0.0469242	0.0524067
47	0.0167939	0.0194432	0.0223749	0.0256076	0.0291612	0.0330560	0.0373139	0.0419579	0.0470120	0.0525019
48	0.0168359	0.0194897	0.0224262	0.0256642	0.0292232	0.0331239	0.0373881	0.0420387	0.0470998	0.0525973
49	0.0168779	0.0195363	0.0224777	0.0257208	0.0292854	0.0331920	0.0374624	0.0421196	0.0471878	0.0526928
50	0.0169200	0.0195829	0.0225292	0.0257775	0.0293476	0.0332601	0.0375368	0.0422006	0.0472759	0.0527884
51	0.0169621	0.0196296	0.0225808	0.0258343	0.0294100	0.0333283	0.0376113	0.0422818	0.0473641	0.0528841
52	0.0170044	0.0196765	0.0226325	0.0258912	0.0294724	0.0333967	0.0376859	0.0423630	0.0474525	0.0529799
53	0.0170467	0.0197233	0.0226843	0.0259482	0.0295349	0.0334651	0.0377606	0.0424444	0.0475409	0.0530759
54	0.0170891	0.0197703	0.0227361	0.0260053	0.0295976	0.0335336	0.0378354	0.0425259	0.0476295	0.0531721
55	0.0171315	0.0198174	0.0227881	0.0260625	0.0296603	0.0336023	0.0379103	0.0426075	0.0477182	0.0532683
56	0.0171740	0.0198645	0.0228401	0.0261197	0.0297231	0.0336710	0.0379853	0.0426892	0.0478070	0.0533647
57	0.0172166	0.0199117	0.0228922	0.0261771	0.0297860	0.0337399	0.0380605	0.0427710	0.0478960	0.0534612
58	0.0172593	0.0199590	0.0229444	0.0262345	0.0298490	0.0338088	0.0381357	0.0428530	0.0479851	0.0535578
59	0.0173021	0.0200063	0.0229967	0.0262920	0.0299121	0.0338778	0.0382111	0.0429351	0.0480743	0.0536546

续表

分	30°	31°	32°	33°	34°	35°	36°	37°	38°	39°
0	0.0537515	0.0598086	0.0663640	0.0734489	0.0810966	0.0893423	0.0982240	0.1077822	0.1180605	0.1291056
1	0.0538485	0.0599136	0.0664776	0.0735717	0.0812290	0.0894850	0.0983776	0.1079475	0.1182382	0.1292965
2	0.0539457	0.0600189	0.0665914	0.0736946	0.0813616	0.0896279	0.0985315	0.1081130	0.1184161	0.1294876
3	0.0540430	0.0601242	0.0667054	0.0738177	0.0814943	0.0897710	0.0986855	0.1082787	0.1185942	0.1296789
4	0.0541404	0.0602297	0.0668195	0.0739409	0.0816273	0.0899142	0.0988397	0.1084445	0.1187725	0.1298704
5	0.0542379	0.0603354	0.0669337	0.0740643	0.0817604	0.0900576	0.0989941	0.1086106	0.1189510	0.1300622
6	0.0543356	0.0604412	0.0670481	0.0741878	0.0818936	0.0902012	0.0991487	0.1087769	0.1191297	0.1302542
7	0.0544334	0.0605471	0.0671627	0.0743115	0.0820271	0.0903450	0.0993035	0.1089434	0.1193087	0.1304464
8	0.0545314	0.0606532	0.0672774	0.0744354	0.0821606	0.0904889	0.0994584	0.1091101	0.1194878	0.1306389
9	0.0546295	0.0607594	0.0673922	0.0745594	0.0822944	0.0906331	0.0996136	0.1092770	0.1196672	0.1308316
10	0.0547277	0.0608657	0.0675072	0.0746835	0.0824283	0.0907774	0.0997689	0.1094440	0.1198468	0.1310245
11	0.0548260	0.0609722	0.0676223	0.0748079	0.0825624	0.0909218	0.0999244	0.1096113	0.1200266	0.1312177
12	0.0549245	0.0610788	0.0677376	0.0749324	0.0826967	0.0910665	0.1000802	0.1097788	0.1202066	0.1314110
13	0.0550231	0.0611856	0.0678530	0.0750570	0.0828311	0.0912113	0.1002361	0.1099465	0.1203869	0.1316046
14	0.0551218	0.0612925	0.0679686	0.0751818	0.0829657	0.0913564	0.1003922	0.1101144	0.1205673	0.1317985
15	0.0552207	0.0613995	0.0680843	0.0753068	0.0831005	0.0915016	0.1005485	0.1102825	0.1207480	0.1319925
16	0.0553197	0.0615067	0.0682002	0.0754319	0.0832354	0.0916469	0.1007050	0.1104508	0.1209289	0.1321868
17	0.0554188	0.0616140	0.0683162	0.0755571	0.0833705	0.0917925	0.1008616	0.1106193	0.1211100	0.1323814
18	0.0555181	0.0617215	0.0684324	0.0756826	0.0835058	0.0919382	0.1010185	0.1107880	0.1212913	0.1325761
19	0.0556175	0.0618291	0.0685487	0.0758082	0.0836413	0.0920842	0.1011756	0.1109570	0.1214728	0.1327711
20	0.0557170	0.0619368	0.0686652	0.0759339	0.0837769	0.0922303	0.1013328	0.1111261	0.1216546	0.1329663
21	0.0558166	0.0620447	0.0687818	0.0760598	0.0839127	0.0923765	0.1014903	0.1112954	0.1218366	0.1331618
22	0.0559164	0.0621527	0.0688986	0.0761859	0.0840486	0.0925230	0.1016479	0.1114649	0.1220188	0.1333575
23	0.0560164	0.0622609	0.0690155	0.0763121	0.0841847	0.0926696	0.1018057	0.1116347	0.1222012	0.1335534
24	0.0561164	0.0623692	0.0691326	0.0764385	0.0843210	0.0928165	0.1019637	0.1118046	0.1223838	0.1337495
25	0.0562166	0.0624777	0.0692498	0.0765651	0.0844575	0.0929635	0.1021219	0.1119747	0.1225666	0.1339459
26	0.0563169	0.0625863	0.0693672	0.0766918	0.0845941	0.0931106	0.1022804	0.1121451	0.1227497	0.1341425
27	0.0564174	0.0626950	0.0694848	0.0768187	0.0847309	0.0932580	0.1024389	0.1123156	0.1229330	0.1343394
28	0.0565180	0.0628039	0.0696024	0.0769457	0.0848679	0.0934055	0.1025977	0.1124864	0.1231165	0.1345365
29	0.0566187	0.0629129	0.0697203	0.0770729	0.0850050	0.0935533	0.1027567	0.1126573	0.1233002	0.1347338
30	0.0567196	0.0630221	0.0698383	0.0772003	0.0851424	0.0937012	0.1029159	0.1128285	0.1234842	0.1349313
31	0.0568206	0.0631314	0.0699564	0.0773278	0.0852799	0.0938493	0.1030753	0.1129999	0.1236683	0.1351291
32	0.0569217	0.0632408	0.0700747	0.0774555	0.0854175	0.0939975	0.1032348	0.1131715	0.1238527	0.1353271
33	0.0570230	0.0633504	0.0701931	0.0775833	0.0855553	0.0941460	0.1033946	0.1133433	0.1240373	0.1355254
34	0.0571244	0.0634602	0.0703117	0.0777113	0.0856933	0.0942946	0.1035545	0.1135153	0.1242221	0.1357239
35	0.0572259	0.0635700	0.0704304	0.0778395	0.0858315	0.0944435	0.1037147	0.1136875	0.1244072	0.1359226
36	0.0573276	0.0636801	0.0705493	0.0779678	0.0859699	0.0945925	0.1038750	0.1138599	0.1245924	0.1361216
37	0.0574294	0.0637902	0.0706684	0.0780963	0.0861084	0.0947417	0.1040356	0.1140325	0.1247779	0.1363208
38	0.0575313	0.0639005	0.0707876	0.0782249	0.0862471	0.0948910	0.1041963	0.1142053	0.1249636	0.1365202
39	0.0576334	0.0640110	0.0709069	0.0783537	0.0863859	0.0950406	0.1043572	0.1143784	0.1251495	0.1367199
40	0.0577356	0.0641216	0.0710265	0.0784827	0.0865250	0.0951903	0.1045184	0.1145516	0.1253357	0.1369198
41	0.0578380	0.0642323	0.0711461	0.0786118	0.0866642	0.0953402	0.1046797	0.1147250	0.1255221	0.1371199
42	0.0579405	0.0643432	0.0712659	0.0787411	0.0868036	0.0954904	0.1048412	0.1148987	0.1257087	0.1373203
43	0.0580431	0.0644542	0.0713859	0.0788706	0.0869431	0.0956406	0.1050029	0.1150726	0.1258955	0.1375209
44	0.0581458	0.0645654	0.0715060	0.0790002	0.0870829	0.0957911	0.1051648	0.1152466	0.1260825	0.1377218
45	0.0582487	0.0646767	0.0716263	0.0791300	0.0872228	0.0959418	0.1053269	0.1154209	0.1262698	0.1379228
46	0.0583518	0.0647882	0.0717467	0.0792600	0.0873628	0.0960926	0.1054892	0.1155954	0.1264573	0.1381242
47	0.0584549	0.0648998	0.0718673	0.0793901	0.0875031	0.0962437	0.1056517	0.1157701	0.1266450	0.1383257
48	0.0585582	0.0650116	0.0719880	0.0795204	0.0876435	0.0963949	0.1058144	0.1159451	0.1268329	0.1385275
49	0.0586617	0.0651235	0.0721089	0.0796508	0.0877841	0.0965463	0.1059773	0.1161202	0.1270210	0.1387296
50	0.0587652	0.0652355	0.0722300	0.0797814	0.0879249	0.0966979	0.1061404	0.1162955	0.1272094	0.1389319
51	0.0588690	0.0653477	0.0723512	0.0799122	0.0880659	0.0968496	0.1063037	0.1164711	0.1273980	0.1391344
52	0.0589728	0.0654600	0.0724725	0.0800431	0.0882070	0.0970016	0.1064672	0.1166468	0.1275869	0.1393372
53	0.0590768	0.0655725	0.0725940	0.0801742	0.0883483	0.0971537	0.1066309	0.1168228	0.1277759	0.1395402
54	0.0591809	0.0656851	0.0727157	0.0803055	0.0884898	0.0973061	0.1067947	0.1169990	0.1279652	0.1397434
55	0.0592852	0.0657979	0.0728375	0.0804369	0.0886314	0.0974586	0.1069588	0.1171754	0.1281547	0.1399469
56	0.0593896	0.0659108	0.0729595	0.0805685	0.0887732	0.0976113	0.1071231	0.1173520	0.1283444	0.1401506
57	0.0594941	0.0660239	0.0730816	0.0807003	0.0889152	0.0977642	0.1072876	0.1175288	0.1285344	0.1403546
58	0.0595988	0.0661371	0.0732039	0.0808322	0.0890574	0.0979173	0.1074523	0.1177058	0.1287246	0.1405588
59	0.0597036	0.0662505	0.0733263	0.0809643	0.0891998	0.0980705	0.1076171	0.1178831	0.1289150	0.1407632

附表 2　标准圆柱齿轮直齿、斜齿、人字齿传动外啮合、内啮合几何尺寸计算公式

名称	代号	直齿轮	斜齿（人字齿）轮
压力角（齿形角）	α 或 α_n	$\alpha = 20^0$	$\alpha_n = 20^0$，$\tan\alpha_t = \tan\alpha_n/\cos\beta$
分度圆柱螺旋角	β	$\beta = 0$	$\beta_1 = \beta_2$，外啮合旋向相反，内啮合旋向相同
模数	m 或 m_n	m 由强度计算或结构设计确定，并按表 2-1 取为标准值	m_n 由强度计算或结构设计确定，并按表 2-1 取为标准值，$m_t = m_n/\cos\beta$
齿数	z	z	
齿数比	u	$u = z_2/z_1$	
齿宽	b	由强度计算或结构设计确定	
分度圆直径	d	$d = zm$	$d = zm_t = z\,m_n/\cos\beta$
基圆直径	d_b	$d_b = d\cos\alpha$	$d_b = d\cos\alpha_t$
齿顶高系数	h_a^*	$h_a^* = 1$	$h_{an}^* = 1$，$h_{at}^* = h_{an}^*\cos\beta$
顶隙系数	c^*	$c^* = 0.25$	$c_n^* = 0.25$，$c_t^* = c_n^*\cos\beta$
齿顶高	h_a	$h_a = h_a^*m$	$h_a = h_{an}^*m_n$
齿根高	h_f	$h_f = (h_a^* + c^*)m$	$h_f = (h_{an}^* + c_n^*)m_n$
全齿高	h	$h = h_a + h_f = (2h_a^* + c^*)m$	$h = h_a + h_f = (2h_{an}^* + c_n^*)m_n$
齿顶圆直径	d_a	$d_{a1} = d_1 + 2h_a = (z_1 + 2h_a^*)m$ $d_{a2} = d_2 \pm 2h_a = (z_2 \pm 2h_a^*)m$ 为了避免过渡曲线干涉，应将内齿轮的齿顶圆直径增大Δd_a $\Delta d_a = \dfrac{2h_a^*m}{z_2\tan^2\alpha}$	$d_{a1} = d_1 + 2h_a = (\dfrac{z_1}{\cos\beta} + 2h_{an}^*)m_n$ $d_{a2} = d_2 \pm 2h_a = (\dfrac{z_2}{\cos\beta} \pm 2h_{an}^*)m_n$ $\Delta d_a = \dfrac{2h_{an}^*m_n\cos^3\beta}{z_2\tan^2\alpha_n}$
齿根圆直径	d_f	$d_{f1} = d_1 - 2h_f$ $= (z_1 - 2h_a^* - 2c^*)m$ $d_{f2} = d_2 \mp 2h_f$ $= (z_2 \mp 2h_a^* \pm 2c^*)m$ 用插齿刀切制内齿轮时，d_{f2}的计算式见表 10-4	$d_{f1} = d_1 - 2h_f = (\dfrac{z_1}{\cos\beta} - 2h_{an}^* - 2c_n^*)m_n$ $d_{f2} = d_2 \mp 2h_f = (\dfrac{z_2}{\cos\beta} \mp 2h_{an}^* \pm 2c_n^*)m_n$
中心距	a	$a = \dfrac{d_1 \pm d_2}{2} = \dfrac{(z_1 \pm z_2)m}{2}$	$a = \dfrac{d_1 \pm d_2}{2} = \dfrac{(z_1 \pm z_2)m_n}{2\cos\beta}$
齿距	p	$p = \pi m$	$p_n = \pi m_n$，$p_t = \pi m_t$
基节	p_b	$p_b = p\cos\alpha$	$p_{bt} = p_t\cos\alpha_t$
轴向齿距	p_x	—	$p_x = \pi m_n/\sin\beta$
导程	p_z	—	$p_z = \pi d/\tan\beta$
齿顶圆螺旋角	β_a	—	$\beta_a = \arctan\left(\dfrac{d_a}{d}\tan\beta\right)$
基圆螺旋角	β_b	—	$\beta_b = \arcsin(\sin\beta\cos\alpha_a)$
当量齿数	z_v	$z_v = z$	$z_v = \dfrac{z}{\cos^2\beta_b\cos\beta} \approx \dfrac{z}{\cos^3\beta}$
齿顶压力角	α_a	$\alpha_a = \arccos\left(\dfrac{d_b}{d_a}\right)$	$\alpha_{at} = \arccos\left(\dfrac{d_b}{d_a}\right)$
端面重合度	ε_α	$\varepsilon_\alpha = \dfrac{1}{2\pi}[z_1(\tan\alpha_{a1} - \tan\alpha)$ $\pm z_2(\tan\alpha_{a2} - \tan\alpha)]$	$\varepsilon_\alpha = \dfrac{1}{2\pi}[z_1(\tan\alpha_{at1} - \tan\alpha_t)$ $\pm z_2(\tan\alpha_{at2} - \tan\alpha_t)]$

名称		代号	直齿轮	斜齿（人字齿）轮
轴向重合度		ε_β	$\varepsilon_\beta = 0$	$\varepsilon_\beta = \dfrac{b\sin\beta}{\pi m_n}$
总重合度		ε_γ	$\varepsilon_\gamma = \varepsilon_\alpha$	$\varepsilon_\gamma = \varepsilon_\alpha + \varepsilon_\beta$
			测量尺寸（选用一组）	
公法线	公法线跨齿数	k	$k = \dfrac{\alpha}{180^o}z + 0.5$，$k$值四舍五入取整数	$k \approx \dfrac{\alpha_n}{180^o}z' + 0.5$，$k$值四舍五入取整数 假想齿数$z' = z\dfrac{inv\alpha_t}{inv\alpha_n}$
	公法线长度	W_k或W_{kn}	$W_k = m\cos\alpha[\pi(k-0.5) + zinv\alpha]$ 当$\alpha_n = 20^o$, $W_k = m[2.9521(k-0.5) + 0.014z]$	$W_{kn} = m_n\cos\alpha_n[\pi(k-0.5) + z'inv\alpha_n]$ 当$\alpha_n = 20^o$, $W_{kn} = m_n[2.9521(k-0.5) + 0.014z']$
			增加公法线长度公差	
分度圆弦	分度圆弦齿高	$\bar{h}_a$或$\bar{h}_{an}$	$\bar{h}_a = m\left[1 + \dfrac{z}{2}\left(1 - \cos\dfrac{90^o}{z}\right)\right]$	$\bar{h}_{an} = m_n\left[1 + \dfrac{z_v}{2}\left(1 - \cos\dfrac{90^o}{z_v}\right)\right]$
	分度圆弦齿厚	$\bar{s}$或$\bar{s}_n$	$\bar{s} = zm\sin\dfrac{90^o}{z}$	$\bar{s}_n = z_v m_n\sin\dfrac{90^o}{z_v} = m_n\bar{s}_n^*$
固定弦	固定弦齿高	$\bar{h}_c$或$\bar{h}_{cn}$	$\bar{h}_c = m(h_a^* - \dfrac{\pi}{8}\sin 2\alpha)$ 当$\alpha = 20^o$时，$\bar{h}_c = 0.7476m$ 对于内齿轮，按上式求的$\bar{h}_{c2}$应增加$\Delta h = \dfrac{d_{a2}}{2}(1 - \cos\delta_{a2})$ $\delta_{a2} = \dfrac{\pi}{2z_2} - inv\alpha_t + inv\alpha_{at2}$	$\bar{h}_{cn} = m_n(h_a^* - \dfrac{\pi}{8}\sin 2\alpha_n)$ 当$\alpha_n = 20^o$时，$\bar{h}_{cn} = 0.7476m$
	固定弦齿厚	$\bar{s}_c$或$\bar{s}_{cn}$	$\bar{s}_c = \dfrac{\pi m}{2}\cos^2\alpha$ 当$\alpha = 20^o$时，$\bar{s}_c = 1.3870m$	$\bar{s}_{cn} = \dfrac{\pi m_n}{2}\cos^2\alpha_n$ 当$\alpha_n = 20^o$时，$\bar{s}_{cn} = 1.3870m_n$
量柱（球）距离	量柱（球）直径 外齿	d_p	$d_p = (1.6\sim1.9)m$，一般取1.68m	$d_p = (1.6\sim1.9)m_n$，一般取1.68m_n
	量柱（球）直径 内齿		$d_p = (1.4\sim1.7)m$，一般取1.44m	$d_p = (1.4\sim1.7)m_n$，一般取1.44m_n
	量柱（球）中心所在圆的压力角	α_M	$inv\alpha_M = inv\alpha \pm \dfrac{d_p}{d_b} \mp \dfrac{\pi}{2z}$	$inv\alpha_{Mt} = inv\alpha_t \pm \dfrac{d_p}{m_n z\cos\alpha_n} \mp \dfrac{\pi}{2z}$
	量柱（球）跨棒距 偶数齿	M_{Do}（外齿）	$M_{Do} = \dfrac{d_p}{\cos\alpha_M} + d_p$	$M_{Do} = \dfrac{d_p}{\cos\alpha_{Mt}} + d_p$
	量柱（球）跨棒距 奇数齿		$M_{Do} = \dfrac{d_p}{\cos\alpha_M}\cos\dfrac{90^o}{z} + d_p$	$M_{Do} = \dfrac{d_p}{\cos\alpha_{Mt}}\cos\dfrac{90^o}{z} + d_p$
	量柱（球）棒间距 偶数齿	M_{Di}（内齿）	$M_{Di} = \dfrac{d_p}{\cos\alpha_M} - d_p$	$M_{Di} = \dfrac{d_p}{\cos\alpha_{Mt}} - d_p$
	量柱（球）棒间距 奇数齿		$M_{Di} = \dfrac{d_p}{\cos\alpha_M}\cos\dfrac{90^o}{z} - d_p$	$M_{Di} = \dfrac{d_p}{\cos\alpha_{Mt}}\cos\dfrac{90^o}{z} - d_p$

注：（1）下标 n 是法面值，下标 t 是端面值。

（2）有"±"或"∓"号，上面的符号用于外啮合，下面的符号用于内啮合；在测量尺寸中，上面的符号用于外齿，下面的符号用于内齿。

（3）斜齿轮的W_k和$\bar{s}_c$在齿轮法面内测量。

（4）斜齿轮按公法线长度进行测量时，必须满足 $b > W_{kn}\sin\beta$ 的条件。

（5）表中的几何尺寸计算公式也适用于用插齿刀切制齿轮的情况。例如，用新插齿刀（$x_0 > 0$）加工内齿轮时，刀具的变位系数 x_0、啮合角 α_0'、中心距 α_{02}' 可以按下列公式计算：

当 $\beta \neq 0$ 时

$$x_{n0} = \frac{d_{a0}}{2m_n} = \frac{z_0 + 2h_{a0}^*\cos\beta}{2\cos\beta}$$

$$inv\alpha_{t0}' = \frac{x_{n2} - x_{n0}}{z_2 - z_0} 2\tan\alpha_n + inv\alpha_t$$

$$\alpha_{02}' = \frac{m_n(z_2 - z_0)}{2\cos\beta} \frac{\cos\alpha_t}{\cos\alpha_{t02}'}$$

当 $\beta = 0$ 时

$$x_{n0} = \frac{d_{a0}}{2m} = \frac{z_0 + 2h_{a0}^*}{2}$$

$$inv\alpha_0' = \frac{x_2 - x_0}{z_2 - z_0} 2\tan\alpha + inv\alpha$$

$$\alpha_{02}' = \frac{m(z_2 - z_0)}{2} \frac{\cos\alpha}{\cos\alpha_{02}'}$$

式中 d_{a0}、z_0 及 h_{a0}^* 的数值如表 4-4 所示。

附表3 变位圆柱齿轮直齿、斜齿、人字齿传动外啮合、内啮合几何尺寸计算公式

名称	代号	直齿轮	斜齿（人字齿）轮
压力角（齿形角）	α 或 α_n	$\alpha = 20^0$	$\alpha_n = 20^0$，$\tan\alpha_t = \tan\alpha_n/\cos\beta$
分度圆柱螺旋角	β	$\beta = 0$	$\beta_1 = \beta_2$，外啮合旋向相反，内啮合旋向相同
模数	m 或 m_n	m 由强度计算或结构设计确定，并按表 2-1 取为标准值	m_n 由强度计算或结构设计确定，并按表 2-1 取为标准值，$m_t = m_n/\cos\beta$
齿数	z	z	
齿数比	u	$u = z_2/z_1$	
齿宽	b	由强度计算或结构设计确定	
分度圆直径	d	$d = zm$	$d = zm_t = zm_n/\cos\beta$
基圆直径	d_b	$d_b = d\cos\alpha$	$d_b = d\cos\alpha_t$
齿顶高系数	h_a^*	$h_a^* = 1$	$h_{an}^* = 1$，$h_{at}^* = h_{an}^*\cos\beta$
顶隙系数	c^*	$c^* = 0.25$	$c_n^* = 0.25$，$c_t^* = c_n^*\cos\beta$
标准中心距	a	$a = \frac{d_2 \pm d_1}{2} = \frac{(z_2 \pm z_1)m}{2}$	$a = \frac{d_2 \pm d_1}{2} = \frac{(z_2 \pm z_1)m_n}{2\cos\beta}$
中心距变动系数	y	$y = \frac{a' - a}{m} = \frac{z_2 \pm z_1}{2}\left(\frac{\cos\alpha}{\cos\alpha'} - 1\right)$	$y_t = \frac{a' - a}{m_t} = \frac{z_2 \pm z_1}{2}\left(\frac{\cos\alpha_t}{\cos\alpha_t'} - 1\right)$；$y_n = \frac{a' - a}{m_n} = \frac{y_t}{\cos\beta}$
啮合角	α'	$\cos\alpha' = \frac{a}{a'}\cos\alpha$；$inv\alpha' = inv\alpha + \frac{2(x_2 \pm x_1)}{z_2 \pm z_1}\tan\alpha$	$\cos\alpha_t' = \frac{a}{a'}\cos\alpha_t$；$inv\alpha_t' = inv\alpha_t + \frac{2(x_{n2} \pm x_{n1})}{z_2 \pm z_1}\tan\alpha_n$
变位后的中心距	a'	$a' = \frac{d_1 \pm d_2}{2} + ym = a\frac{\cos\alpha}{\cos\alpha'} = \frac{d_{b2} \pm d_{b1}}{2\cos\alpha'}$	$a' = \frac{d_1 \pm d_2}{2} + y_t m_t = a\frac{\cos\alpha_t}{\cos\alpha_t'} = \frac{d_{b2} \pm d_{b1}}{2\cos\alpha_t'}$
分度圆直径	d	$d = zm$	$d = zm_t = zm_n/\cos\beta$
基圆直径	d_b	$d_b = d\cos\alpha$	$d_b = d\cos\alpha_t$
节圆直径	d'	$d' = 2a'\frac{z_1}{z_2 \pm z_1}$，$d' = 2a'\frac{z_2}{z_2 \pm z_1}$	$d' = 2a'\frac{z_1}{z_2 \pm z_1}$，$d' = 2a'\frac{z_2}{z_2 \pm z_1}$

续表

名称	代号	直齿轮	斜齿（人字齿）轮
总变位系数	x_Σ	$x_\Sigma = x_2 \pm x_1$ $= \dfrac{z_2 \pm z_1}{2\tan\alpha}(inv\alpha' - inv\alpha)$	$x_{n\Sigma} = x_{n2} \pm x_{n1} = \dfrac{z_2 \pm z_1}{2\tan\alpha_n}(inv\alpha'_t - inv\alpha_t)$ $x_{t\Sigma} = x_{n\Sigma}\cos\beta$

外齿滚齿加工

名称	代号	直齿轮	斜齿（人字齿）轮
齿顶高变动系数	Δy	$\Delta y = x_\Sigma - y$	$\Delta y_t = x_{t\Sigma} - y_t$，$\Delta y_n = x_{n\Sigma} - y_n$
齿顶高	h_a	$h_{a1} = (h_a^* + x_1 \mp \Delta y)m$ $h_{a2} = (h_a^* + x_2 \mp \Delta y)m$	$h_{a1} = (h_{an}^* + x_{n1} \mp \Delta y_n)m_n$ $h_{a2} = (h_{an}^* + x_{n2} \mp \Delta y_n)m_n$
齿根高	h_f	$h_{f1} = (h_a^* + c^* - x_1)m$ $h_{f2} = (h_a^* + c^* \mp x_2)m$	$h_{f1} = (h_{an}^* + c_n^* - x_{n1})m_n$ $h_{f2} = (h_{an}^* + c_n^* \mp x_{n2})m_n$
全齿高	h	$h = h_a + h_f$	$h = h_a + h_f$
齿顶圆直径	d_a	$d_{a1} = d_1 + 2h_{a1}$，$d_{a2} = d_2 + 2h_{a2}$ 对内齿轮，为了避免小齿轮齿根过渡曲线干涉，d_{a2}应满足下式： $d_{a2} \geqslant \sqrt{d_{b2}^2 + (2\alpha'\sin\alpha' + 2\rho)^2}$ 式中 $\rho = m\left(\dfrac{z_1\sin\alpha}{2} - \dfrac{h_a^* - x_1}{\sin\alpha}\right)$	$d_{a2} \geqslant \sqrt{d_{b2}^2 + (2\alpha'\sin\alpha'_t + 2\rho)^2}$ 式中 $\rho = m_t\left(\dfrac{z_1\sin\alpha_t}{2} - \dfrac{h_{at}^* - x_{t1}}{\sin\alpha_t}\right)$
齿根圆直径	d_f	$d_{f1} = d_1 - 2h_{f1}$，$d_{f2} = d_2 \mp 2h_{f2}$	$d_{f1} = d_1 - 2h_{f1}$，$d_{f2} = d_2 \mp 2h_{f2}$

插齿（插齿刀参数：顶圆直径d_{a0}、齿数z_0、变位系数x_0、齿顶高系数h_{a0}^*）

名称	代号	直齿轮	斜齿（人字齿）轮
插齿时的啮合角	α'_0	$inv\alpha'_{01} = inv\alpha + \dfrac{2(x_1 + x_0)}{z_1 + z_0}\tan\alpha$ $inv\alpha'_{02} = inv\alpha + \dfrac{2(x_2 \pm x_0)}{z_2 \pm z_0}\tan\alpha$	$inv\alpha'_{t01} = inv\alpha_t + \dfrac{2(x_{n1} + x_{n0})}{z_1 + z_0}\tan\alpha_n$ $inv\alpha'_{t02} = inv\alpha_t + \dfrac{2(x_{n2} \pm x_{n0})}{z_2 \pm z_0}\tan\alpha_n$
插齿时的中心距	a_0	$a_{01} = \dfrac{m}{2}(z_1 + z_0)\dfrac{\cos\alpha}{\cos\alpha'_{01}}$ $a_{02} = \dfrac{m}{2}(z_2 \pm z_0)\dfrac{\cos\alpha}{\cos\alpha'_{02}}$	$a_{01} = \dfrac{m_n(z_1 + z_0)}{2\cos\beta}\dfrac{\cos\alpha_t}{\cos\alpha'_{t01}}$ $a_{02} = \dfrac{m_n(z_2 \pm z_0)}{2\cos\beta}\dfrac{\cos\alpha_t}{\cos\alpha'_{t02}}$
齿根圆直径	d_f	$d_{f1} = 2a_{01} - d_{a0}$，$d_{f2} = 2a_{02} \mp d_{a0}$	$d_{f1} = 2a_{01} - d_{a0}$，$d_{f2} = 2a_{02} \mp d_{a0}$

名称		代号	直齿轮	斜齿（人字齿）轮
齿顶圆直径	外啮合	d_a	$d_{a1} = 2a' - d_{f2} - 2c^*m$ $d_{a2} = 2a' - d_{f1} - 2c^*m$	$d_{a1} = 2a' - d_{f2} - 2c^*m_n$ $d_{a2} = 2a' - d_{f1} - 2c_n^*m_n$
	内啮合		$d_{a1} = d_{f2} - 2a' - 2c^*m$ $d_{a2} = 2a' + d_{f1} + 2c^*m$ 为避免小轮齿根过渡曲线干涉，d_{a2}应满足下式： $d_{a2} \geqslant \sqrt{d_{b2}^2 + (2\alpha'\sin\alpha' + 2\rho_{01min})^2}$ 式中 $\rho_{01min} = a_{01}\sin\alpha'_{01} - \dfrac{1}{2}\sqrt{d_{a0}^2 - d_{b0}^2}$	$d_{a1} = d_{f2} - 2a' - 2c_n^*m_n$ $d_{a2} = 2a' + d_{f1} + 2c_n^*m_n$ $d_{a2} \geqslant \sqrt{d_{b2}^2 + (2\alpha'\sin\alpha'_t + 2\rho_{01min})^2}$ 式中 $\rho_{01min} = a_{01}\sin\alpha'_{t01} - \dfrac{1}{2}\sqrt{d_{a0}^2 - d_{b0}^2}$

测量尺寸（任选一种）

名称		代号	直齿轮	斜齿（人字齿）轮
	公法线跨齿数	k	$k = \dfrac{\alpha}{180^o}z + 0.5 + \dfrac{2x\cot\alpha}{\pi}$ k值四舍五入取整数	$k \approx \dfrac{\alpha_n}{180^o}z' + 0.5 + \dfrac{2x_n\cot\alpha_n}{\pi}$ k值四舍五入取整数 假想齿数$z' = z\dfrac{inv\alpha_t}{inv\alpha_n}$

名称		代号	直齿轮	斜齿（人字齿）轮
公法线长度		W_k 或 W_{kn}	$W_k = m\cos\alpha[\pi(k-0.5) + zinv\alpha + 2xtan\alpha]$ 当 $\alpha_n = 20^o$, $W_k = m[2.9521(k-0.5) + 0.014z]$	$W_{kn} = m_n\cos\alpha_n[\pi(k-0.5) + z'inv\alpha_n + 2x_n tan\alpha_n]$ 当 $\alpha_n = 20^o$, $W_{kn} = m_n[2.9521(k-0.5) + 0.014z' + 0.684x_n]$
			公法线长度上下偏差	
分度圆弦齿厚		$\bar{s}$ 或 $\bar{s}_n$	$\bar{s}_{n1} = z_1 m\sin\Delta_1$, $\Delta_1 = \dfrac{90^o + 41.7^o x_1}{z_1}$ $\bar{s}_{n2} = z_2 m\sin\Delta_2$, $\Delta_2 = \dfrac{90^o + 41.7^o x_2}{z_2}$	$\bar{s}_{n1} = z_{v1} m_n \sin\Delta_1$, $\Delta_1 = \dfrac{90^o + 41.7^o x_{n1}}{z_{v1}}$ $\bar{s}_{n2} = z_{v2} m_n \sin\Delta_2$, $\Delta_2 = \dfrac{90^o + 41.7^o x_{n2}}{z_{v2}}$
分度圆弦齿高		$\bar{h}_a$ 或 $\bar{h}_{an}$	$\bar{h}_{a1} = h_{a1} + \dfrac{z_1 m}{2}(1-\cos\Delta_1)$ $\bar{h}_{a2} = h_{a2} + \dfrac{z_2 m}{2}(1-\cos\Delta_2) + \Delta h$ $\Delta h = \dfrac{d_{a2}}{2}(1-\cos\delta_a)$ $\delta_a = \dfrac{\pi}{2z_2} - inv\alpha - \dfrac{2x_2}{z_2}\tan\alpha + inv\alpha_a$ （以弧度计算） $\cos\alpha_a = \dfrac{d_2}{d_{a2}}\cos\alpha$	$\bar{h}_{an1} = h_{a1} + \dfrac{z_{v1} m_n}{2}(1-\cos\Delta_1)$ $\bar{h}_{an2} = h_{a2} + \dfrac{z_{v2} m_n}{2}(1-\cos\Delta_2) + \Delta h$ $\Delta h = \dfrac{d_{a2}}{2}(1-\cos\delta_a)$ $\delta_a = \dfrac{\pi}{2z_{v2}} - inv\alpha - \dfrac{2x_2}{z_2}\tan\alpha_t + inv\alpha_a$ （以弧度计算） $\cos\alpha_a = \dfrac{d_2}{d_{a2}}\cos\alpha_t$
固定弦	固定弦齿厚	$\bar{s}_c$ 或 $\bar{s}_{cn}$	$\bar{s}_{c1} = m\cos^2\alpha\left(\dfrac{\pi}{2} + 2x_1 \tan\alpha\right)$ $\bar{s}_{c2} = m\cos^2\alpha\left(\dfrac{\pi}{2} - 2x_2 \tan\alpha\right)$ 当 $\alpha = 20^o$ 时, $\bar{s}_{c1} = (1.3870 + 0.6428x_1)m$ $\bar{s}_{c2} = (1.3870 - 0.6428x_2)m$	$\bar{s}_{cn1} = m_n\cos^2\alpha_n\left(\dfrac{\pi}{2} + 2x_{n1} \tan\alpha_n\right)$ $\bar{s}_{cn2} = m_n\cos^2\alpha_n\left(\dfrac{\pi}{2} - 2x_{n2} \tan\alpha_n\right)$ 当 $\alpha = 20^o$ 时, $\bar{s}_{cn1} = (1.3870 + 0.6428x_{n1})m_n$ $\bar{s}_{cn2} = (1.3870 - 0.6428x_{n2})m_n$
固定弦	外齿轮固定弦齿高	$\bar{h}_c$ 或 $\bar{h}_{cn}$	$\bar{h}_{c1} = h_{a1} - \dfrac{1}{2}\bar{s}_{c1}\tan\alpha$	$\bar{h}_{cn1} = h_{an1} - \dfrac{1}{2}\bar{s}_{cn1}\tan\alpha_n$
固定弦	内齿轮固定弦齿高	$\bar{h}_c$ 或 $\bar{h}_{cn}$	$\bar{h}_{c2} = h_{a2} - \dfrac{1}{2}\bar{s}_{c2}\tan\alpha + \Delta h$ $\Delta h = \dfrac{d_{a2}}{2}(1-\cos\delta_a)$ $\delta_a = \dfrac{\pi}{2z_2} - \dfrac{2x_2\tan\alpha}{z_2} - inv\alpha + inv\alpha_{a2}$ $\cos\alpha_{a2} = \dfrac{d_2}{d_{a2}}\cos\alpha$	$\bar{h}_{cn2} = h_{an2} - \dfrac{1}{2}\bar{s}_{cn2}\tan\alpha_n + \Delta h$ $\Delta h = \dfrac{d_{a2}}{2}(1-\cos\delta_a)$ $\delta_a = \dfrac{\pi}{2z_2} - \dfrac{2x_{n2}\tan\alpha_n}{z_2} - inv\alpha_t + inv\alpha_{a2}$ $\cos\alpha_{a2} = \dfrac{d_2}{d_{a2}}\cos\alpha_t$
量柱（球）跨棒间距	量柱（球）直径	d_p	外齿　$d_p = (1.6\sim1.9)m$ 内齿　$d_p = (1.4\sim1.7)m$	$d_p = (1.6\sim1.9)m_n$ $d_p = (1.4\sim1.7)m_n$
量柱（球）跨棒间距	量柱（球）中心所在圆的压力角	α_M	$inv\alpha_M = inv\alpha \pm \dfrac{d_p}{d\cos\alpha} \mp \dfrac{\pi}{2z} + \dfrac{2x\tan\alpha}{z}$	$inv\alpha_{Mt} = inv\alpha_t \pm \dfrac{d_p}{m_n z\cos\alpha_n} \mp \dfrac{\pi}{2z} + \dfrac{2x_n\tan\alpha_n}{z}$

名称		代号	直齿轮	斜齿（人字齿）轮
量柱（球）跨棒间距	量柱（球）跨距 M_{Do}	M_{Do}	偶数齿 $M_{Do} = d\dfrac{\cos\alpha}{\cos\alpha_M} + d_p$	$M_{Do} = d\dfrac{\cos\alpha_t}{\cos\alpha_{Mt}} + d_p$
			奇数齿 $M_{Do} = d\dfrac{\cos\alpha}{\cos\alpha_M}\cos\dfrac{90^o}{z} + d_p$	$M_{Do} = d\dfrac{\cos\alpha_t}{\cos\alpha_{Mt}}\cos\dfrac{90^o}{z} + d_p$
	量柱（球）间距 M_{Di}	M_{Di}	偶数齿 $M_{Do} = d\dfrac{\cos\alpha}{\cos\alpha_M} - d_p$	$M_{Do} = d\dfrac{\cos\alpha_t}{\cos\alpha_{Mt}} - d_p$
			奇数齿 $M_{Do} = d\dfrac{\cos\alpha}{\cos\alpha_M}\cos\dfrac{90^o}{z} - d_p$	$M_{Do} = d\dfrac{\cos\alpha_t}{\cos\alpha_{Mt}}\cos\dfrac{90^o}{z} - d_p$
			量柱（球）跨间距上下偏差公式	

校验齿顶厚、重合度、滑动率、根切及齿形干涉

名称		代号	直齿轮	斜齿（人字齿）轮
齿顶圆压力角		α_a	$\cos\alpha_a = d\cos\alpha/d_a$	$\cos\alpha_{at} = d\cos\alpha_t/d_a$
插齿刀的齿顶圆压力角		α_{a0}	$\cos\alpha_{a0} = mz_0\cos\alpha/d_{a0}$ $d_{a0} = m(z_0 + 2h_{a0}^* + 2x_0)$	$\cos\alpha_{at0} = m_t z_0\cos\alpha_t/d_{a0}$ $d_{a0} = m_t(z_0 + 2h_{at}^* + 2x_{t0})$
端面重合度		ε_α	$\varepsilon_\alpha = \dfrac{1}{2\pi}[z_1(\tan\alpha_{a1} - \tan\alpha')$ $\pm z_2(\tan\alpha_{a2} - \tan\alpha')$	$\varepsilon_\alpha = \dfrac{1}{2\pi}[z_1(\tan\alpha_{at1} - \tan\alpha_t')$ $\pm z_2(\tan\alpha_{at2} - \tan\alpha_t')]$
外齿轮齿顶厚		S_a	$S_a = d_a\left(\dfrac{\pi + 4x\tan\alpha}{2z} + inv\alpha - inv\alpha_a\right)$	$S_a = d_a\left(\dfrac{\pi + 4x_n\tan\alpha_n}{2z} + inv\alpha_t - inv\alpha_{at}\right)$
滚外齿	加工标准齿轮不根切最少齿数	$z_{\min}$	$z_{\min} = \dfrac{2h_a^*}{\sin^2\alpha}$	$z_{\min} = \dfrac{2h_{an}^*}{\sin^2\alpha_n}\cos^3\beta$
	不根切最小变位系数	$x_{\min}$	$x_{\min} = h_a^*\dfrac{z_{\min} - z}{z_{\min}}$	$x_{\min} = h_{an}^*\dfrac{z_{\min} - z}{z_{\min}}$
插外齿	加工标准齿轮不根切最少齿数	$z_{\min}'$	$z_{\min}' = \sqrt{z_0^2 + \dfrac{4h_{a0}^*}{\sin^2\alpha}(z_0 + h_{a0}^*)} - z_0$	
	不根切最小变位系数	$x_{\min}'$	$x_{\min}' = \dfrac{1}{2}$ $[\sqrt{(z_0^2 + 2h_{a0}^*)^2 + (z^2 + 2zz_0)\cos^2\alpha} - (z_0 + z)]$	
	不顶切的最多齿数	$z_{\max}$	$z_{\max} = \dfrac{z_0^2\sin^2\alpha - 4h_a^{*2}}{4h_a^* - 2z_0\sin^2\alpha}$	
外啮合齿根不干涉条件	小齿轮滚齿		$\tan\alpha' - \dfrac{z_2}{z_1}(\tan\alpha_{a2} - \tan\alpha')$ $\geqslant \tan\alpha - \dfrac{4(h_a^* - x_1)}{z_1\sin2\alpha}$	$\tan\alpha_t' - \dfrac{z_2}{z_1}(\tan\alpha_{at2} - \tan\alpha_t')$ $\geqslant \tan\alpha_t - \dfrac{4(h_{at}^* - x_{t1})}{z_1\sin2\alpha_t}$
	大齿轮滚齿		$\tan\alpha' - \dfrac{z_2}{z_1}(\tan\alpha_{a1} - \tan\alpha')$ $\geqslant \tan\alpha - \dfrac{4(h_a^* - x_2)}{z_2\sin2\alpha}$	$\tan\alpha_t' - \dfrac{z_2}{z_1}(\tan\alpha_{at1} - \tan\alpha_t')$ $\geqslant \tan\alpha_t - \dfrac{4(h_{at}^* - x_{t2})}{z_2\sin2\alpha_t}$

名称		代号	直齿轮	斜齿（人字齿）轮
内啮合齿根不干涉条件	小齿轮滚齿		$z_2\tan\alpha_{a2} - (z_2 - z_1)\tan\alpha'$ $\geqslant z_1\tan\alpha - \dfrac{4(h_a^* - x_1)}{\sin 2\alpha}$	$z_2\tan\alpha_{at2} - (z_2 - z_1)\tan\alpha'_t$ $\geqslant z_1\tan\alpha_t - \dfrac{4(h_{at}^* - x_{t1})}{\sin 2\alpha_t}$
	小齿轮插齿		$z_2\tan\alpha_{a2} - (z_2 - z_1)\tan\alpha'$ $\geqslant (z_1 + z_{01})\tan\alpha'_{01} - z_{01}\tan\alpha_{a01}$	$z_2\tan\alpha_{at2} - (z_2 - z_1)\tan\alpha'_t$ $\geqslant (z_1 + z_{01})\tan\alpha'_{t01} - z_{01}\tan\alpha_{at01}$
	内齿轮插齿		$z_1\tan\alpha_{a1} + (z_2 - z_1)\tan\alpha'$ $\leqslant (z_2 - z_{02})\tan\alpha'_{02} + z_{02}\tan\alpha_{a02}$	$z_1\tan\alpha_{at1} + (z_2 - z_1)\tan\alpha'_t$ $\leqslant (z_2 - z_{02})\tan\alpha'_{t02} + z_{02}\tan\alpha_{at02}$
内齿插齿时不顶切条件			$\dfrac{z_{02}}{z_2} \geqslant 1 - \dfrac{\tan\alpha_{a2}}{\tan\alpha'_{02}}$	$\dfrac{z_{02}}{z_2} \geqslant 1 - \dfrac{\tan\alpha_{at2}}{\tan\alpha'_{t02}}$
内啮合不产生重叠干涉的条件			$z_1(inv\alpha_{a1} + \delta_1) + (z_2 - z_1)inv\alpha'$ $- z_2(inv\alpha_{a2} + \delta_2) \geqslant 0$	$z_1(inv\alpha_{at1} + \delta_1) + (z_2 - z_1)inv\alpha'_t$ $- z_2(inv\alpha_{at2} + \delta_2) \geqslant 0$
			$\cos\delta_1 = \dfrac{d_{a2}^2 - 4a'^2 - d_{a1}^2}{4a'\,d_{a1}}$	$\cos\delta_2 = \dfrac{d_{a2}^2 + 4a'^2 - d_{a1}^2}{4a'\,d_{a2}}$
外啮合齿根滑动率	小齿轮	η	$\eta_1 = \dfrac{(z_1 + z_2)(\tan\alpha_{a2} - \tan\alpha')}{(z_1 + z_2)\tan\alpha' - z_2\tan\alpha_{a2}}$	$\eta_1 = \dfrac{(z_1 + z_2)(\tan\alpha_{at2} - \tan\alpha'_t)}{(z_1 + z_2)\tan\alpha'_t - z_2\tan\alpha_{at2}}$
	大齿轮		$\eta_2 = \dfrac{(z_1 + z_2)(\tan\alpha_{a1} - \tan\alpha')}{(z_1 + z_2)\tan\alpha' - z_1\tan\alpha_{a1}}$	$\eta_2 = \dfrac{(z_1 + z_2)(\tan\alpha_{at1} - \tan\alpha'_t)}{(z_1 + z_2)\tan\alpha'_t - z_1\tan\alpha_{at1}}$

参考文献

[1] 机械工程手册电机工程手册编辑委员会. 机械工程手册第 18 篇，机构选型与运动设计. 北京：机械工业出版社，1979.

[2] 齿轮手册编委会. 齿轮手册（上）. 北京：机械工业出版社，1990.

[3] 中国机械工程协会热处理专业分会，热处理手册编委会. 热处理手册. 北京：机械工业出版社，2001.

[4] 任志俊，薛国祥. 实用金属材料手册. 南京：江苏科学技术出版社，2007.

[5] 齿轮制造手册编辑委员会. 齿轮制造手册. 北京：机械工业出版社，1998.

[6] 张展. 实用工程机械传动装置设计手册. 北京：化学工业出版社，2017.

[7] 陈立周. 机械优化设计. 上海：上海科技出版社，1982.

[8] 朱景梓，张展等. 渐开线齿轮变位系数的选择. 北京：人民教育出版社，1982.

[9] （美）林旺德著，唐金松等译. 齿轮传动装置（设计和应用）. 上海：上海科学技术文献出版社，1989.

[10] 邹慧君等. 机械原理. 北京：高等教育出版社，1999.

[11] 吴序堂. 齿轮啮合原理. 北京：机械工业出版社，1982.